TEGAOYA SHUDIAN XIANLU
SANWEI LITI YINGXIANG XUNJIAN JISHU

特高压输电线路
三维立体影像巡检技术

国网内蒙古东部电力有限公司　编

中国电力出版社
CHINA ELECTRIC POWER PRESS

图书在版编目（CIP）数据

特高压输电线路三维立体影像巡检技术 / 国网内蒙古东部电力有限公司编. —北京：中国电力出版社，2021.8（2022.2 重印）

ISBN 978-7-5198-5867-4

Ⅰ．①特…　Ⅱ．①国…　Ⅲ．①特高压输电–输电线路–巡回检测　Ⅳ．①TM726

中国版本图书馆 CIP 数据核字（2021）第 154995 号

出版发行：中国电力出版社
地　　址：北京市东城区北京站西街 19 号（邮政编码 100005）
网　　址：http://www.cepp.sgcc.com.cn
责任编辑：雍志娟（010-63412255）
责任校对：黄　蓓　李　楠
装帧设计：郝晓燕
责任印制：石　雷

印　　刷：三河市万龙印装有限公司
版　　次：2021 年 8 月第一版
印　　次：2022 年 2 月北京第二次印刷
开　　本：710 毫米×1000 毫米　16 开本
印　　张：8.5
字　　数：147 千字
印　　数：1201—1600 册
定　　价：100.00 元

编 委 会

前　言

　　电力线路巡检是保障电网安全的重要手段，随着电压等级增高、电网规模增大、电网结构升级及特高压电网的快速发展，电力走廊环境更趋复杂，加之特高压输电线路点多、面广、塔高、线长等特点，电力巡检难度日益增大，电网的快速发展对巡检工作提出了更高要求，给传统人工巡检带来了巨大的挑战。

　　传统人工巡检模式单一、效率较低，巡检质量得不到保障。传统人工巡检已经无法完全满足不断变化、日益增长的电力线路巡检作业需求，亟需通过科技手段来促进巡检模式变革。近年来国内外全息互联、大数据分析、影像识别、智能处置等相关技术的发展，为人工地面影像、固定可视化装置、无人机高空影像巡检技术三维立体影像巡视技术的应用提供了有利条件，极大提高了特高压输电线路巡检技术。无人机高空影像巡检技术、可视化装置影像巡检技术、长焦数码相机人工地面影像巡检技术，可从高空、半高空、地面3个维度实现全方位影像记录，满足智能电网发展要求，实现电力线路由人巡为主转变为空天地立体监测、多方式协调巡检模式。

　　本书结合电力线路运维实际，总结了巡检经验，系统研究了特高压输电线路三维立体影像巡检技术，从无人机高空影像巡检技术、可视化装置影像巡检技术、人工地面影像巡检技术、影像识别技术四部分进行了详细阐述。前三部分介绍了特高压输电线路影像巡检基本条件、巡检内容、采集流程，用于指导特高压输电线路巡检工作，规范了图像采集标准，为图像智能识别奠定了基础。最后一部分介绍了人工和智能图像识别技术，明确影像资料识别重点及缺陷甄别方法，提高智能识别水平、提升巡检质效。

　　本书适用于特高压交直流输电线路巡检作业，其他等电压等级线路可参照执行，灵活借鉴应用。

　　由于写作时间仓促，书中难免存在疏漏、不当之处，恳请广大读者批评指正。

编　者

2021 年 8 月

目　录

第一章 输电线路影像巡检技术概述

第一节 技 术 简 介

输电线路影像采集是以人工地面巡检、可视化装置影像巡检技术、无人机高空影像巡检技术为手段，实现输电线路地面、半高空、高空全方位影像采集。

影像采集目标位于整个图片的中央，占整张图的四分之三，像素不小于 1200 万，销针应清晰可见，具备条件时应设置日期戳。

一、人工地面巡检技术

（一）定义

人工地面巡检技术是指巡检人员巡检输电线路时在地面使用长焦相机采集设备全方位影像。

（二）内容

特高压交直流输电线路采用人工地面巡检技术时，采集影像内容包括标识牌、杆塔、基础、绝缘子、金具、导地线、附属设施及通道。一般在地面选定 9 个最佳位置，示意图见图 1-1，位置描述如下：

小贴士：位置 1～8 的夹角角度规定为以杆塔中心桩为原点，以顺线路方向为纵轴的坐标值。

位置 1：巡检人员面向杆塔大号侧，站在与线路方向夹角 225°，距离杆塔中心约 30～40m。

位置 2：巡检人员面向杆塔大号侧，站在与线路方向夹角 180°，距离杆塔中心约 30～40m。

位置 3：巡检人员面向杆塔大号侧，站在与线路方向夹角 135°，距离杆塔中心约 30～40m。

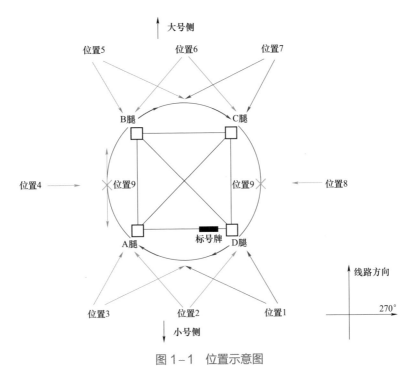

图 1-1　位置示意图

位置 4：巡检人员面向杆塔右侧，站在与线路方向夹角 90°，距离杆塔中心约 40～50m。

位置 5：巡检人员面向杆塔小号侧，站在与线路方向夹角 45°，距离杆塔中心约 30～40m。

位置 6：巡检人员面向杆塔小号侧，站在与线路方向夹角 0°，距离杆塔中心约 30～40m。

位置 7：巡检人员面向杆塔小号侧，站在与线路方向夹角 315°，距离杆塔中心约 30～40m。

位置 8：巡检人员面向杆塔左侧，站在与线路方向夹角 270°，距离杆塔中心约 40～50m。

位置 9：巡检人员站在 D 腿基础，沿着基础环绕一圈。

🖥️ 小贴士：部分特殊地形、光线条件下，巡检人员可视现场实际情况调整 9 个最佳位置，确保影像采集质量。

（三）适用范围

适用于对输电设备沿线路逐基、不留遗漏点（段）开展的全线或区段周期性、特殊、故障巡视，巡视对象为线路本体、通道环境和附属设施。

二、可视化装置影像巡检技术

（一）定义

可视化装置影像巡检技术是使用可视化监控单元在杆塔半高空不间断采集输电线路通道大、小号侧以及设备本体的影像，并将采集的通道或本体影像通过无线网络信号传输到监控系统平台。

（二）内容

特高压交直流输电线路采用可视化装置影像巡检技术时，可根据现场实际需要设置监拍内容，监测内容包括输电线路档间导（地）线有无舞动、断股断线、相分裂导线有无鞭击、扭绞等异常现象以及通道内火灾、线树矛盾、施工外破等隐患。

（三）适用范围

适用于可视化装置对输电线路外破易发点、直观可见的设备本体异动、通道环境按不同周期开展巡视或监拍，巡视对象为设备本体和通道环境。

三、无人机高空影像巡检技术

（一）定义

无人机高空影像巡检技术是巡检人员使用无人机从高空采集输电线路设备影像。

（二）内容

特高压交直流输电线路采用无人机高空影像巡检技术时，巡检人员结合实际规划飞行路径，使用无人机采集杆塔、绝缘子、金具、导地线、附属设施、通道等影像。

（三）适用范围

适用于利用无人机对输电设备的全线或区段开展常规或自主精细化巡视，巡视对象为线路本体、通道环境和附属设施。

第二节 技 术 术 语

1. 巡检位置方向

杆塔号增加方向为顺线路方向，顺线路站立，杆塔前为大号侧、后为小号侧，左侧为左线、中间为中线、右侧为右线（见图1-2）。

2. 巡检线路保护区

大、小号侧通道是指边导线向外侧水平延伸并垂直于地面所形成的两平行面内的区域。常见特高压交直流输电线路保护区距离见表1-1。

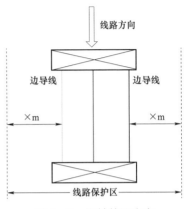

图1-2 巡检位置方向

表1-1 通 道 保 护 区 （m）

1000kV	30
±1100kV	50
±800kV	30

第二章 人工地面影像巡检技术

本章以某地区所辖 1000kV 和 ±800kV 特高压输电线路为例，介绍特高压输电线路常见的六种塔型影像采集方法，明确影像采集的顺序、位置及内容。

第一节 交流单回直线塔

本节以 1000kV 某线单回直线塔为例（图 2-1）。巡检时按照"人工地面摄影技术"中位置 3（或位置 1、2）、位置 4、位置 5、位置 6、位置 7、位置 8、位置 9 的顺序采集，总数为 45 张。

图 2-1 交流单回直线塔示意图

1. 位置3（或位置1、2）内容及效果

拍摄内容：标识牌、塔头、全塔、基础，总数为 4 张，效果见图 2-2。

图 2-2-①：标识牌

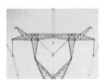

图 2-2-②：塔头

图 2-2-③：全塔

图 2-2 位置3拍摄内容及效果

图 2-2-④：基础整体

2. 位置4具体拍摄部位及效果成像图

拍摄内容：左地线（光缆）挂点、防振锤整体及局部，总张数为 4 张，效果见图 2-3。

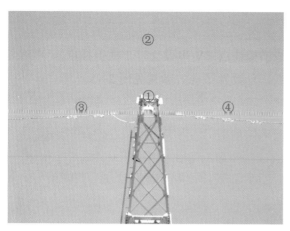

图 2-3-①：
左地线（光缆）挂点

图 2-3-②：
防振锤整体

图 2-3-③：
大号侧防振锤

图 2-3-④：
小号侧防振锤

图 2-3　位置 4 具体拍摄部位及效果成像图

3. 位置 5 拍摄内容及效果

拍摄内容：左线横担挂点、左线导线挂点、左线绝缘子、中线横担挂点、中线导线挂点，总张数为 5 张，效果见图 2-4。

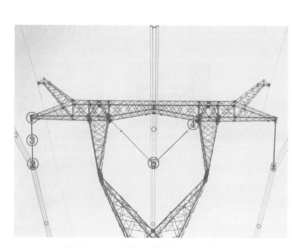

图 2-4-①：
左线横担挂点

图 2-4-②：
左线导线挂点

图 2-4-③：
左线绝缘子

图 2-4-④：
中线横担挂点

图 2-4　位置 5 拍摄内容及效果

图 2-4-⑤：
中线导线挂点

4. 位置6拍摄内容及效果

拍摄内容：左线导线挂点、中线横担挂点（V串设计时2横担挂点）、中线导线挂点、中线绝缘子、右线导线挂点，总数为 5 张，效果见图 2-5。

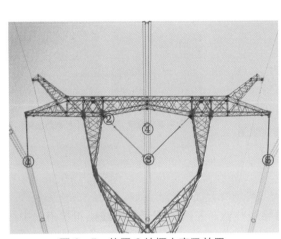

图2-5-①：
左线导线挂点

图2-5-②：
中线横担挂点

图2-5-③：
中线导线挂点

图2-5-④：
中线绝缘子

图2-5 位置6拍摄内容及效果

图2-5-⑤：
右线导线挂点

5. 位置7内容及效果

拍摄内容：右线横担挂点、右线导线挂点、右线绝缘子、中线横担挂点、中线导线挂点，总数为 5 张，效果见图 2-6。

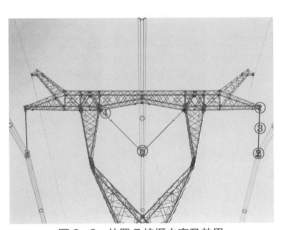

图2-6-①：
右线横担挂点

图2-6-②：
右线导线挂点

图2-6-③：
右线绝缘子

图2-6-④：
中线横担挂点

图2-6 位置7拍摄内容及效果

图2-6-⑤：
中线导线挂点

6. 位置 8 拍摄内容及效果

拍摄内容：右地线（光缆）挂点、右地线（光缆）防振锤整体及局部，总数为 4 张，效果见图 2-7。

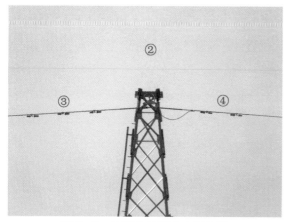

图 2-7-①：右地线（光缆）挂点

图 2-7-②：防振锤整体

图 2-7-③：小号侧防振锤

图 2-7-④：大号侧防振锤

图 2-7　位置 8 拍摄内容及效果

7. 位置 9 具体拍摄部位及效果成像图

拍摄内容：小号侧通道、大号侧通道、ABCD 腿基础，总数为 18 张，效果见图 2-8。

图 2-8　位置 9 具体拍摄部位及效果成像图

图 2-8-①：小号侧通道

图 2-8-②：大号侧通道

图 2-8-③：A 腿基础

图 2-8-④：A 腿基础

图 2-8-⑤：A 腿基础

图 2-8-⑥：A 腿基础

📷 **小贴士**：上图仅展示 A 腿基础的四个面，BCD 腿拍摄效果参照 A 腿。

第二节 交流单回耐张塔

本文仅以 1000kV 某线单回耐张塔为例（图 2-9），巡检时按照"人工地面摄影技术"中位置 1、位置 2、位置 3、位置 4、位置 5、位置 6、位置 7、位置 8、位置 9 的顺序进行采集，总张数为 76 张。

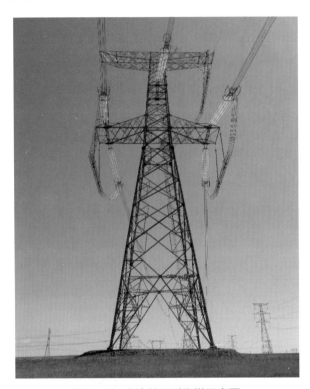

图 2-9 交流单回耐张塔示意图

1. 位置 1 拍摄内容及效果

拍摄内容：标识牌、塔头、全塔、基础整体，右线小号侧横担挂点、导线挂点、绝缘子，部分跳线间隔棒（结合实际采集），总数为 7 张，效果见图 2-10。

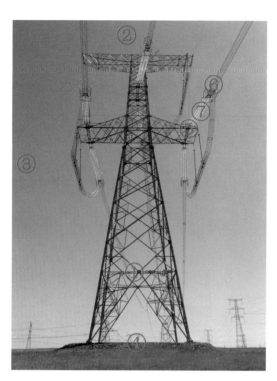

图2-10 位置1拍摄内容及效果

图2-10-①：
杆识牌

图2-10-②：
塔头

图2-10-③：
全塔

图2-10-④：
基础整体

图2-10-⑤：
右线小号侧横担挂点

图2-10-⑥：
右线小号侧导线挂点

图2-10-⑦：
右线小号侧绝缘子

2. 位置2拍摄内容及效果

拍摄内容：此处采集均为杆塔小号侧图像。分别为右线横担挂点、导线挂点、绝缘子串，中线横担挂点、导线挂点、绝缘子串，左线横担挂点、导线挂点、绝缘子串，两侧地线（光缆）挂点，部分跳线间隔棒（结合实际采集），总数为 11 张，效果见图 2-11。

图2-11-①:
右线小号侧横担挂点

图2-11-②:
右线小号侧导线挂点

图2-11-③:
右线小号侧绝缘子串

图2-11-④:
左线小号侧横担挂点

图2-11-⑤:
左线小号侧导线挂点

图2-11-⑥:
左线小号侧绝缘子串

图2-11-⑦:
中线小号侧横担挂点

图2-11-⑧:
中线小号侧绝缘子

图2-11-⑨:
中线小号侧绝导线端
挂点

图2-11-⑩:
右地线（光缆）小号侧
挂点

图2-11 位置2拍摄内容及效果

图2-11-⑪:
左地线（光缆）小号侧
挂点

3. 位置 3 拍摄内容及效果

拍摄内容：此处采集均为杆塔小号侧图像。分别为左线横担挂点、导线挂点、绝缘子，地线（光缆）挂点，中线横担、导线挂点，跳线间隔棒结合实际采集，总数为 6 张，效果见图 2－12。

图 2－12　位置 3 拍摄内容及效果

图 2－12－①：
左线小号侧横担挂点

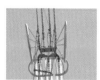

图 2－12－②：
左线小号导线挂点

图 2－12－③：
左线小号侧绝缘子

图 2－12－④：
左地线（光缆）小号侧
挂点

图 2－12－⑤：
中线小号侧横担挂点

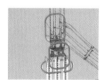

图 2－12－⑥：
中线小号侧导线挂点

4. 位置 4 拍摄内容及效果

拍摄内容：左地线（光缆）挂点、防振锤整体及局部，左线（中线）跳串横担及导线挂点、绝缘子（结合线路实际设计情况而定），总数为 6 张，效果见图 2－13。

图 2－13－①：
左地线（光缆）挂点

图 2－13－②：
左地线（光缆）整体

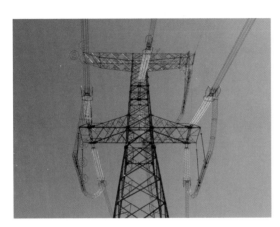

图 2－13 位置 4 拍摄内容及效果

图 2－13－③：
左地线（光缆）
防振锤

图 2－13－④：
左线（中线）跳串横担
挂点

图 2－13－⑤：
左线（中线）跳串导线
挂点

图 2－13－⑥：
左线（中线）跳线绝缘
子串

5. 位置 5 拍摄内容及效果

拍摄内容：此处采集均为杆塔大号侧图像。分别为左线横担挂点、导线挂点、绝缘子，中线导线挂点、横担挂点、左地线（光缆）挂点，总数为 6 张，效果见图 2－14。

图 2－14 位置 5 拍摄内容及效果

图 2－14－①：
左线大号侧横担挂点

图 2－14－②：
左线大号侧导线挂点

图 2－14－③：
左线大号侧绝缘子

图 2－14－④：
中线大号侧横担挂点

图 2－14－⑤：
中线大号侧导线挂点

图 2－14－⑥：
左地线（光缆）大号侧
挂点

6. 位置 6 拍摄内容及效果

拍摄内容：此处采集均为杆塔大号侧图像。分别为左线横担挂点、导线挂点、绝缘子串，中线横担挂点、导线挂点、绝缘子串，右线横担挂点、导线挂点、绝缘子串，两侧地线（光缆）挂点，跳线间隔棒结合实际采集，总数为 11 张，效果见图 2–15。

图 2–15–①：
左线大号侧导线挂点

图 2–15–②：
左线大号侧横担挂点

图 2–15–③：
左线大号侧绝缘子

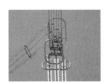
图 2–15–④：
中线大号侧导线挂点

图 2–15–⑤：
中线大号侧横担挂点

图 2–15–⑥：
中线大号侧绝缘子

图 2–15–⑦：
右线大号侧导线挂点

图 2–15–⑧：
右线大号侧横担挂点

图 2–15 位置 6 拍摄内容及效果

图 2–15–⑨：
右线大号侧绝缘子

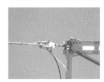
图 2–15–⑩：
左地线（光缆）挂点

图 2–15–⑪：
右地线（光缆）挂点

7. 位置 7 拍摄内容及效果

拍摄内容：此处采集均为杆塔大号侧图像。分别为右线横担挂点、导线挂点、绝缘子串，中线导线挂点、右地线（光缆）挂点，总数为 5 张，效果见图 2-16。

图 2-16　位置 7 拍摄内容及效果

图 2-16-①：
右线大号侧横担挂点

图 2-16-②：
右线大号侧导线挂点

图 2-16-③：
右线大号侧绝缘子

图 2-16-④：
中线大号侧导线挂点

图 2-16-⑤：
右地线（光缆）大号侧
挂点

8. 位置 8 拍摄内容及效果

拍摄内容：右地线（光缆）挂点、防振锤整体及局部，右线（中线）跳串横担及导线挂点、绝缘子（结合线路实际设计情况而定），总数为 6 张，效果见图 2-17。

图 2-17-①：
右地线（光缆）挂点及防振锤整体

图 2-17-②：
右地线（光缆）小号侧防振锤局部

图 2-17　位置 8 拍摄内容及效果

图 2-17-③：
右地线（光缆）大号侧防振锤局部

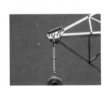
图 2-17-④：
右线（中线）跳串横担挂点

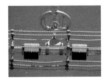
图 2-17-⑤：
右线（中线）跳串导线挂点

图 2-17-⑥：
右线（中线）跳线绝缘子

9. 位置 9 拍摄内容及效果

拍摄内容：小号侧通道、大号侧通道、ABCD 腿基础，跳线间隔棒结合实际采集，总数为 18 张，效果见图 2-18。

图 2-18-①：
小号侧通道

图 2-18-②：
大号侧通道

图 2-18-③：
A 腿基础

图 2-18-④：
A 腿基础

图 2-18　位置 9 拍摄内容及效果

图 2-18-⑤：
A 腿基础

图 2-18-⑥：
A 腿基础

小贴士：上图仅展示 A 腿基础的四个面，BCD 腿拍摄效果参照 A 腿。

第三节　交流双回直线塔

本文仅以 1000kV 某线双回直线塔为例（图 2-19），巡检时按照"人工地面摄影技术"中位置 3（或位置 1、2）、位置 4、位置 5、位置 6、位置 7、位置 8、位置 9 的顺序进行采集，总张数为 54 张。

1. 位置 3（或位置 1、2）拍摄内容及效果

拍摄内容：杆塔标识牌、全塔、塔头、ABCD 腿基础整体，总数为 4 张，效果见图 2-20。

图 2-19 交流双回直线塔示意图

图 2-20-①：
标识牌

图 2-20-②：
塔头

图 2-20-③：
全塔

图 2-20-④：
基础整体

图 2-20 位置 3 拍摄内容及效果

2. 位置 4 拍摄内容及效果

拍摄内容：左地线（光缆）挂点、防振锤整体及局部，总数为 4 张，效果见图 2-21。

图 2-21　位置 4 拍摄内容及效果

图 2-21-①：
左地线（光缆）挂点

图 2-21-②：
防振锤及挂点整体

图 2-21-③：
小号侧防振锤

图 2-21-④：
大号侧防振锤

3. 位置 5 拍摄内容及效果

拍摄内容：左回下、中、上线横担及导线挂点，左回下、中、上线绝缘子，总数为 9 张，效果见图 2-22。

图 2-22-①：
左回下线横担挂点

图 2-22-②：
左回下线绝缘子

图 2-22-③：
左回下线导线挂点

图 2-22-④：
左回中线横担挂点

图 2-22-⑤：
左回中线绝缘子

图 2-22-⑥：
左回中线导线挂点

图 2-22-⑦：
左回上线横担挂点

图 2-22-⑧：
左回上线绝缘子

图 2-22 位置 5 拍摄内容及效果

图 2-22-⑨：
左回上线导线挂点

4. 位置6拍摄内容及效果

拍摄内容：左回下、中、上线导线挂点，右回下、中、上线导线挂点，总数为6张，效果见图2-23。

图2-23　位置6拍摄内容及效果

图2-23-①：
左回下线导线挂点

图2-23-②：
左回中线导线挂点

 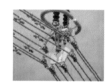

图2-23-③：
左回上线导线挂点

图2-23-④：
右回下线导线挂点

图2-23-⑤：
右回中线导线挂点

图2-23-⑥：
右回上线导线挂点

5. 位置 7 拍摄内容及效果

拍摄内容：右回下、中、上线横担及导线挂点，右回下、中、上线绝缘子，总数为 9 张，效果见图 2-24。

图 2-24-①：
右回下线横担挂点

图 2-24-②：
右回下线绝缘子

图 2-24-③：
右回下线导线挂点

图 2-24-④：
右回中线横担挂点

图 2-24-⑤：
右回中线绝缘子

图 2-24-⑥：
右回中线导线挂点

图 2-24-⑦：
右回上线横担挂点

图 2-24-⑧：
右回上线绝缘子

图 2-24 位置 7 拍摄内容及效果

图 2-24-⑨：
右回上线导线挂点

6. 位置 8 拍摄内容及效果

拍摄内容：右地线（光缆）挂点、防振锤整体及局部，总数为 4 张，效果见图 2-25。

图 2-25　位置 8 拍摄内容及效果

图 2-25-①：
右地线（光缆）挂点

图 2-25-②：
防振锤整体

图 2-25-③：
小号侧防振锤

图 2-25-④：
大号侧防振锤

7. 位置 9 拍摄内容及效果

拍摄内容：小号侧通道、大号侧通道、ABCD 腿基础，总数为 18 张，效果见图 2-26。

图 2-26　位置 9 拍摄内容及效果

图 2-26-①：
小号侧通道

图 2-26-②：
大号侧通道

图 2-26-③：
A 腿基础

图 2-26-④：
A 腿基础

图 2-26-⑤：
A 腿基础

图 2-26-⑥：
A 腿基础

小贴士：上图仅展示A腿基础的四个面，BCD腿拍摄效果参照A腿。

第四节 交流双回耐张塔

本文仅以1000kV某线双回直线塔为例（图2-27），巡检时按照"人工地面摄影技术"中位置1、位置2、位置3、位置4、位置5、位置6、位置7、位置8、位置9的顺序进行采集，总张数为98张。

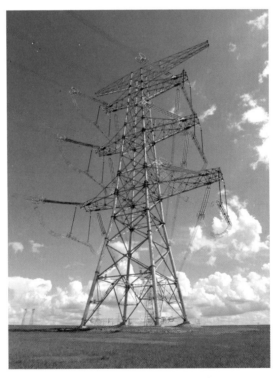

图2-27 交流双回耐张塔示意图

1. 位置1拍摄内容及效果

拍摄内容：此处采集均为杆塔小号侧图像。分别为标识牌、全塔、塔头、基础，右回下、中、上线横担挂点及导线挂点，右回下、中、上线绝缘子、右地线（光缆）挂点，部分跳线间隔棒（结合实际采集），总数为14张，效果见图2-28。

图 2-28-①：
标识牌

图 2-28-②：
塔头

图 2-28-③：
全塔

图 2-28-④：
基础整体

图 2-28-⑤：
右回下线横担挂点

图 2-28-⑥：
右回下线绝缘子

图 2-28-⑦：
右回下线导线挂点

图 2-28-⑧：
右回中线横担挂点

图 2-28-⑨：
右回中线绝缘子

图 2-28-⑩：
右回中线导线挂点

图 2-28-⑪：
右回上线横担挂点

图 2-28-⑫：
右回上线绝缘子

图 2-28　位置 1 拍摄内容及效果

图 2-28-⑬：
右同上线导线挂点

图 2-28-⑭：
右地线（光缆）小号侧挂点

2. 位置 2 拍摄内容及效果

拍摄内容：此处采集均为杆塔小号侧图像。分别为右回下、中、上线导线挂点，左回下、中、上线导线挂点，部分跳线间隔棒（结合实际采集），总数为6 张，效果见图 2-29。

图 2-29-①：
右回下线导线挂点

图 2-29-②：
右回中线导线挂点

图 2-29　位置 2 拍摄内容及效果

图 2-29-③：
右回上线导线挂点

图 2-29-④：
左回下线导线挂点

图 2-29-⑤：
左回中线导线挂点

图 2-29-⑥：
左回上线导线挂点

3. 位置 3 拍摄内容及效果

拍摄内容：此处采集均为杆塔小号侧图像。分别为左回下、中、上线横担及导线挂点，左回下、中、上线绝缘子，左地线（光缆）挂点，跳线间隔棒结合实际采集，总数为 10 张，效果见图 2-30。

图 2-30　位置 3 拍摄内容及效果

图 2-30-①：
左回下线横担挂点

图 2-30-②：
左回下线绝缘子

图 2-30-③：
左回下线导线挂点

图 2-30-④：
左回中线横担挂点

图 2-30-⑤：
左回中线绝缘子

图 2-30-⑥：
左回中线导线挂点

图 2-30-⑦：
左回上线横担挂点

图 2-30-⑧：
左回上线绝缘子

图 2-30-⑨：
左回上线导线挂点

图 2-30-⑩：
左地线（光缆）
小号侧挂点

4. 位置4拍摄内容及效果

拍摄内容：左地线（光缆）防振锤整体及局部，左回下、中、上线跳串横担及导线挂点、绝缘子，总数为12张，效果见图2-31。

图2-31-①：
防振锤整体

图2-31-②：
小号侧防振锤

图2-31-③：
大号侧防振锤

图2-31-④：
左回下线跳串横担挂点

图2-31-⑤：
左回下线跳串绝缘子

图2-31-⑥：
左回下线跳串导线挂点

图2-31-⑦：
左回中线跳串横担挂点

图2-31-⑧：
左回中线跳串绝缘子

图2-31-⑨：
左回中线跳串导线挂点

图2-31-⑩：
左回上线跳串横担挂点

图2-31-⑪：
左回上线跳串绝缘子

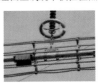

图2-31-⑫：
左回上线跳串导线挂点

图2-31　位置4拍摄内容及效果

5. 位置 5 拍摄内容及效果

拍摄内容：此处采集均为杆塔大号侧图像。分别为左回下、中、上线横担及导线挂点，左回下、中、上线绝缘子，左地线（光缆）挂点，跳线间隔棒结合实际采集，总数为 10 张，效果见图 2-32。

图 2-32-①：
左回下线横担挂点

图 2-32-②：
左回下线绝缘子

图 2-32-③：
左回下线导线挂点

图 2-32-④：
左回中线横担挂点

图 2-32-⑤：
左回中线绝缘子

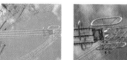
图 2-32-⑥：
左回中线导线挂点

图 2-32-⑦：
左回上线横担挂点

图 2-32-⑧：
左回上线绝缘子

图 2-32-⑨：
左回上线导线挂点

图 2-32 位置 5 拍摄内容及效果

图 2-32-⑩：
左地线（光缆）大
号侧挂点

6. 位置6拍摄内容及效果

拍摄内容：此处采集均为杆塔大号侧图像。分别为左回下、中、上线导线挂点，右回下、中、上线导线挂点，跳线间隔棒结合实际采集，总数为 6 张，效果见图 2-33。

图 2-33-①：
左回下线导线挂点

图 2-33-②：
左回中线导线挂点

图 2-33-③：
左回上线导线挂点

图 2-33-④：
右回下线导线挂点

图 2-33-⑤：
右回中线导线挂点

图 2-33-⑥：
右回上线导线挂点

图 2-33　位置6拍摄内容及效果

7. 位置7拍摄内容及效果

拍摄内容：此处采集均为杆塔大号侧图像。分别为右回下、中、上线横担挂点及导线挂点，右回下、中、上线绝缘子，右地线（光缆）挂点，跳线间隔棒结合实际采集，总数为 10 张，效果见图 2-34。

图 2-34-①：
右回下线横担挂点

图 2-34-②：
右回下线绝缘子

图 2-34-③：
右回下线导线挂点

图 2-34-④：
右回中线横担挂点

图 2-34-⑤：
右回中线绝缘子

图 2-34-⑥：
右回中线导线挂点

图 2-34-⑦：
右回上线横担挂点

图 2-34-⑧：
右回上线绝缘子

图 2-34-⑨：
右回上线导线挂点

图 2-34-⑩：
右地线（光缆）大号侧
挂点

图 2-34 位置 7 拍摄内容及效果

8. 位置 8 拍摄内容及效果

拍摄内容：右地线（光缆）防振锤整体及局部，右回下、中、上线跳串横担及导线挂点、绝缘子，总数为 12 张，效果见图 2 – 35。

图 2 – 35 – ①：
防振锤及挂点整体

图 2 – 35 – ②：
小号侧防振锤

图 2 – 35 – ③：
大号侧防振锤

图 2 – 35 – ④：
右回下线跳串横担挂点

图 2 – 35 – ⑤：
右回下线跳串绝缘子

图 2 – 35 – ⑥：
右回下线跳串导线挂点

图 2 – 35 – ⑦：
右回中线跳串横担挂点

图 2 – 35 – ⑧：
右回中线跳串绝缘子

图 2 – 35 – ⑨：
右回中线跳串导线挂点

图 2 – 35 – ⑩：
右回上线跳串横担挂点

图 2 – 35　位置 8 拍摄内容及效果

图 2 – 35 – ⑪：
右回上线跳串绝缘子

图 2 – 35 – ⑫：
右回上线跳串导线挂点

9. 位置 9 拍摄内容及效果

拍摄内容：小号侧通道、大号侧通道、ABCD 塔腿基础，跳线间隔棒结合实际采集，总数为 18 张，效果见图 2-36。

图 2-36-①：
小号侧通道

图 2-36-②：
大号侧通道

图 2-36 位置 9 拍摄内容及效果

图 2-36-③：
A 腿基础

图 2-36-④：
A 腿基础

图 2-36-⑤：
A 腿基础

图 2-36-⑥：
A 腿基础

小贴士：上图仅展示 A 腿基础的四个面，BCD 腿拍摄效果参照 A 腿。

第五节 直流单回直线塔

本文仅以±800kV 某线直线单回塔为例（图 2−37），巡检时按照"人工地面摄影技术"中位置 3（或位置 1、2）、位置 4、位置 5、位置 6、位置 7、位置 8、位置 9 的顺序进行采集，总张数为 41 张。

图 2−37　直流单回直线塔示意图

1. 位置 3（或位置 1、2）拍摄内容及效果

拍摄内容：杆塔标识牌、全塔、塔头，总数为 3 张，效果见图 2−38。

图 2-38-①：标识牌

图 2-38-②：塔头

图 2-38　位置 3 拍摄内容及效果

图 2-38-③：全塔

2. 位置 4 拍摄内容及效果

拍摄内容：左地线（光缆）挂点、防振锤整体及局部，总数为 4 张，效果见图 2-39。

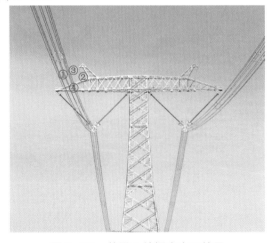

图 2-39　位置 4 拍摄内容及效果

图 2-39-①：　　图 2-39-②：
左地线（光缆）挂点　防振锤整体

图 2 39 ③：　　图 2-39-④：
小号侧防振锤　　大号侧防振锤

37

3. 位置 5 拍摄内容及效果

拍摄内容：左线导线挂点、绝缘子（灵活掌握），总数为 1 张，效果见图 2-40。

图 2-40-①：
左线导线挂点

图 2-40 位置 5 拍摄内容及效果

4. 位置 6 拍摄内容及效果

拍摄内容：左线导线挂点、右线导线挂点，总数为 2 张，效果见图 2-41。

图 2-41-①：
左线导线挂点

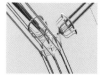

图 2-41-②：
右线导线挂点

图 2-41 位置 6 拍摄内容及效果

5. 位置 7 拍摄内容及效果

拍摄内容：右线导线挂点、绝缘子（灵活掌握），总数为 1 张，效果见图 2–42。

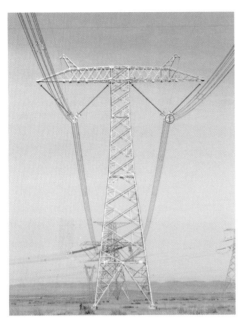

图 2–42　位置 7 拍摄内容及效果

图 2–42–①：
右线导线挂点

6. 位置8拍摄内容及效果

拍摄内容：右地线（光缆）挂点、防振锤整体及局部，总数为 4 张，效果见图 2-43。

图 2-43-①：
右地线（光缆）挂点

图 2-43-②：
防振锤整体

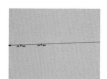

图 2-43-③：
小号侧防振锤

图 2-43-④：
大号侧防振锤

图 2-43 位置8拍摄内容及效果

7. 位置9拍摄内容及效果

拍摄内容：小号侧通道、大号侧通道、ABCD 塔腿基础、左线横担挂点、右线横担挂点，总数为 26 张，效果见图 2-44。

小贴士： 移动至左、右线横担挂点下方时，采集 V 串两处横担挂点。此处仅展示 1.A 腿四个面图像，BCD 腿（12 张）与 A 腿图像相同；2.左线横担挂点、绝缘子（4 张），右线与左线图像相同。

图 2-44-①：
小号侧通道

图 2-44-②：
大号侧通道

图 2-44-③：
A 腿基础

图 2-44-④：
A 腿基础

图 2-44-⑤：
A 腿基础

图 2-44-⑥：
A 腿基础

图 2-44-⑦：
左线左侧横担挂点

图 2-44-⑧：
左线右侧横担

图 2-44　位置 9 拍摄内容及效果

图 2-44-⑨：
左线左侧绝缘子

图 2-44-⑩：
左线右侧绝缘子

第六节　直流单回耐张塔

本文仅以 ±800kV 某线直线单回塔为例（图 2-45），巡检时按照"人工地面摄影技术"中位置 1、位置 2、位置 3、位置 4、位置 5、位置 6、位置 7、位置 8、位置 9 的顺序及直流单回耐张塔内容进行采集，总张数为 66 张。

图 2-45　直流单回耐张塔示意图

1. 位置 1 拍摄内容及效果

拍摄内容：此处采集均为杆塔小号侧图像。分别为标识牌、全塔、塔头、基础、右线横担及导线挂点、右线绝缘子、右地线（光缆）挂点，部分跳线间隔棒（结合实际采集），总数为 8 张，效果见图 2-46。

图 2-46　位置 1 拍摄内容及效果

图 2-46-①：标识牌

图 2-46-②：塔头

图 2-46-③：全塔

图 2-46-④：基础

图 2-46-⑤：右线横担挂点

图 2-46-⑥：右线导线挂点

图 2-46-⑦：右线绝缘子

图 2-46-⑧：右地线（光缆）挂点

2. 位置 2 拍摄内容及效果

拍摄内容：此处采集均为杆塔小号侧图像。分别为右线导线挂点、左线导线挂点，跳线间隔棒结合实际采集，总数为 2 张，效果见图 2-47。

图 2-47-①：
左线导线挂点

图 2-47-②：
右线导线挂点

图 2-47 位置 2 拍摄内容及效果

3. 位置 3 拍摄内容及效果

拍摄内容：此处采集均为杆塔小号侧图像。分别为左线横担及导线挂点、左线绝缘子、左地线（光缆）挂点，跳线间隔棒结合实际采集，总数为 4 张，效果见图 2-48。

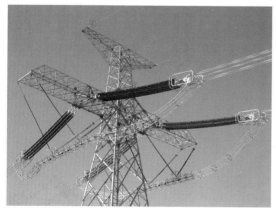

图 2-48-①：
左线横担挂点

图 2-48-②：
左线导线挂点

图 2-48-③：
左线绝缘子

图 2-48-④：
左地线（光缆）挂点

图 2-48 位置 3 拍摄内容及效果

4. 位置 4 拍摄内容及效果

拍摄内容：左地线（光缆）挂点、防振锤整体及局部，左线跳串导线挂点，总数为 5 张，效果见图 2－49。

图 2－49－①：
左地线（光缆）挂点

图 2－49－②：
小号侧防振锤

图 2－49－③：大号侧
防振锤

图 2－49－④：左线小
号侧跳串导线挂点

图 2－49 位置 4 拍摄内容及效果

图 2－49－⑤：左线大
号侧跳串导线挂点

5. 位置 5 拍摄内容及效果

拍摄内容：此处采集均为杆塔大号侧图像。分别为左线横担及导线挂点、绝缘子、左地线（光缆）挂点，总数为 4 张，效果见图 2－50。

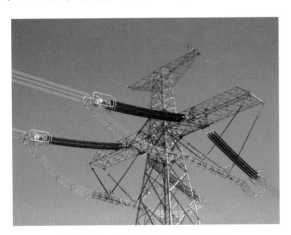

图 2－50－①：
左线横担挂点

图 2－50－②：
左线导线端挂点

图 2－50－③：
左线绝缘子

图 2－50－④：
左地线（光缆）挂点

图 2－50 位置 5 拍摄内容及效果

6. 位置 6 拍摄内容及效果

拍摄内容：此处采集均为杆塔大号侧图像。分别为左线导线挂点、右线导线挂点，总数为 2 张，效果见图 2−51。

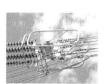

图 2−51−①：
左线导线挂点

图 2−51−②：
右线导线挂点

图 2−51　位置 6 拍摄内容及效果

7. 位置 7 拍摄内容及效果

拍摄内容：此处采集均为杆塔大号侧图像。分别为右线横担及导线挂点、绝缘子、右地线（光缆）挂点，总数为 4 张，效果见图 2−52。

图 2−52−①：
右线横担挂点

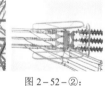

图 2−52−②：
右线导线挂点

图 2−52−③：
右线绝缘子

图 2−52−④：
右地线（光缆）挂点

图 2−52　位置 7 拍摄内容及效果

8. 位置 8 拍摄内容及效果

拍摄内容：右地线（光缆）挂点、防振锤整体及局部、右线跳串导线挂点，总数为 5 张，效果见图 2-53。

图 2-53　位置 8 拍摄内容及效果

图 2-53-①：
右地线（光缆）
挂点

图 2-53-②：
小号侧防振锤

图 2-53-③：
大号侧防振锤

图 2-53-④：
右线小号侧跳串
导线挂点

图 2-53-⑤：
右线大号侧跳串
导线挂点

9. 位置 9 拍摄内容及效果

拍摄内容：小号侧通道、大号侧通道、ABCD 腿基础、左跳线横担挂点、右跳线横担挂点、跳线绝缘子，总数为 32 张，效果见图 2-54。

🔍 **小贴士：** 移动至左、右跳线横担挂点下方时，采集各 V 串两处横担挂点、绝缘子。此处仅展示 1.A 腿四个面图像，BCD 腿（12 张）与 A 腿图像相同；2.左线横担挂点、绝缘子（4 张），右线与左线图像相同。

图2-54-①：
小号侧通道

图2-54-②：
大号侧通道

图2-54-③：
A腿基础

图2-54-④：
A腿基础

图2-54-⑤：
A腿基础

图2-54-⑥：
A腿基础

图2-54-⑦：
左跳线小号侧
横担挂点1

图2-54-⑧：
左跳线大号侧
横担挂点1

图2-54-⑨：
左跳线小号侧
横担挂点2

图2-54-⑩：
左跳线大号侧
横担挂点2

图2-54-⑪：
左跳线绝缘子1

图2-54-⑫：
左跳线绝缘子2

图2-54-⑬：
左跳线绝缘子2

图2-54 位置9拍摄内容及效果

第七节 通 用 部 分

间隔棒、接续管在不同电压等级线路安装方式、角度具有高度一致性，因此特高压交流和直流输电线路间隔棒、接续管人工地面拍摄方法相同。对于间隔棒、接续管的拍摄方法如图 2-55 所示，巡检人员站在位置 1、位置 2、位置 3，根据现场实际情况（地形、光线等）调整合适位置进行影像采集，要求间隔棒全部线夹销针、胶皮清晰可见，接续管两端红漆及附近导线清晰可见，必要时可拍 2 张（位置 1、2 各拍一张）。

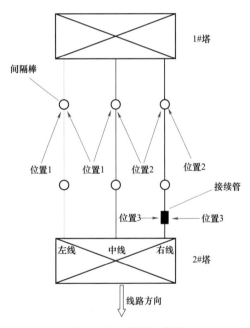

图 2-55 位置示意图

位置 1：左线投影夹角 135°～225°，距离间隔棒地面投影 20～30m。

位置 2：右线投影夹角 135°～225°，距离间隔棒地面投影 20～30m。

位置 3：导地线投影 90°，距离接续管地面投影 10～15m。

小贴士：巡检人员结合现场地形、光线适当调整位置、角度。实景位置图参考图 2-56～图 2-58，采集部位效果参考图 2-59～图 2-61。

图 2-56 实景位置 1

图 2-57 实景位置 2

图 2-58 实景位置 3

图 2-59 导线间隔棒 1

图 2-60 导线间隔棒 2

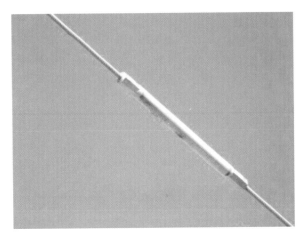

图 2-61　地线接续管

第三章 可视化装置影像巡检技术

特高压输电线路具有点多、面广、线长特点，地理位置多位于空旷偏远地区，巡检人员无法及时掌握现场通道情况，使用可视化装置实时监拍，可弥补人工巡视、无人机巡视周期空点，及时发现、处理现场各特殊区段突发情况。

可视化装置影像巡检技术为前端在线监测装置和后台系统两部分。本章介绍前端在线监测装置安装标准和监测区段，后台系统处理功能、图像要求、装置运行模式等。

第一节 前端在线监测装置

1. 安装标准

通道在线监测装置一般安装在杆塔 10～15m 高的第一水平材位置，镜头与线路弧垂最低点平行最佳。太阳能板需要无任何遮挡朝南安装，注意避免杆塔遮挡，如安装不合理会影响设备充电效率，遇阴天雾霾等天气无法保证正常工作供电需求。见图 3-1。

2. 应用区段

（1）在树木、温棚及易形成漂浮物的场所，如垃圾场等隐患点及通道环境较好的地区加装常规图像类智慧型监拍装置。

（2）在污区、沙漠区段、风沙侵蚀区、覆冰区等重点关注区域加装带微气象监测功能的图像类智慧型监拍装置。

（3）在"三跨"区段和易发生鸟害及机械外破的隐患区域加装带夜视、声光报警功能的图像类智慧型监拍装置。

图 3－1　在线监测装置安装效果图

第二节　后　台　系　统

1. 设备性能

前端在线监测设备配置工业级高清广角、自动对焦、1600 万像素、IP66 防水等级的镜头，可远程设置采集参数。后台系统可实现外破隐患的自动识别和主动预警功能，单张图片分析耗时小于 0.1s，每分钟可分析 600 张以上的图片，准确率不低于 90%。

2. 应用简介

（1）装置定期推送：智能监测装置可设定时间推送现场情况的图片，对输电线路环境通道环境、温度、湿度、风速、风向、泄漏电流、覆冰、导线温度、风偏、弧垂、舞动、绝缘子污秽、周围施工情况、杆塔倾斜等现场数据进行实时监测，提供线路异常状况的预警，将存在问题的图片标记出来第一时间推送到手机，为输电线路的状态检修工作提供必要的参考，见图 3－2 和图 3－3。

（2）人工主动巡视：进入系统界面点击通道可视化模块进入通道可视化页面，默认显示树形导航第一条线路的线路总览界面。单击线路名称可切换至该线路总览。该界面显示某一线路中各级杆塔最新 4 张图片，鼠标滚轮实现翻页，见图 3－4。

图 3-2 系统推送隐患示例图

图 3-3 夜视示例图

图 3-4 通道可视化线路总览

双击树形导航某一级杆塔进入该杆塔的地图定位界面，当线路发生问题时，可快速定位。地图背景可以切换至卫星地图，见图3-5。

图3-5　通道可视化地图

在图片查看界面默认显示当天抓拍的图片，按照每一时刻摄像头抓拍图片顺序展示。选中某一张小图可转为大图展示，并显示该设备相关信息，如信号类型、信号强度、电池电量、工作温度。还可通过日历方便快捷的查询某一天该设备抓拍的图片。

（3）轮播方式：

1）全部轮播：全部轮播是对所有设备当前上图情况进行轮播，应用于对所有设备进行顺序巡视。

2）线路轮播：线路轮播可选择某一条线路进行巡视，应用于特别对某些线路进行巡视。

3）分组轮播：分组轮播可手动建立巡视分组，将巡视中的隐患点根据严重等级或隐患类型分类，分组打包重点巡视。

4）预警轮播：预警轮播可集中对分析出来的预警图片进行人工审核巡视，选择"告警"即可推送给用户微信，选择"误告警"即取消预警。

5）告警轮播：告警轮播可按照查询条件轮播所有推送的告警图片。

6）对比轮播：在产生预警的时候，在对比轮播界面可正确显示预警图片，反之显示正常图片，应用于图片分析后的全部设备轮播巡视。

第四章 无人机高空影像巡检技术

由于特高压输电线路铁塔具有塔高、地形各异特点，作业人员受地形、视角影响无法全面对铁塔巡检。因此需要无人机从高空采用视距内、超视距模式巡检作业，弥补人工地面巡视盲区，确保全面巡视到位。

本章列举了特高压交直流输电线路常见塔型的无人机巡视顺序及拍摄位置，介绍的所有无人机拍照悬停位置、拍摄角度、照片演示均以等效焦距48mm、1200万像素相机条件作为参考，每一基塔固定从线路左侧开始巡检。输电线路电压等级、塔型不同，无人机巡视顺序及拍摄角度、悬停位置会有变化，因此巡检人员需结合现场实际条件灵活应用本技术。

第一节 交流单回直线塔

交流单回直线塔一般选用 W 型无人机巡视路径（见图 4－1），根据下面巡视示例 1 基交流单回直线塔拍摄总张数为 15 张（见表 4－1）。

一、巡视流程图

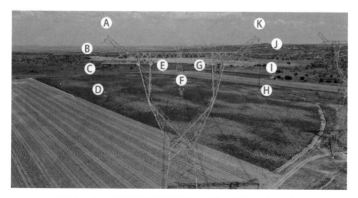

图 4－1 交流单回直线塔 W 型无人机巡视路径

表 4-1 交流单回直线塔拍摄顺序

悬停位置编号	拍摄顺序编号	拍摄部件	安全提示
A	1	左地线（光缆）耳轴挂板 左线上挂点耳轴挂板	此点位无特殊危险点
B	2	左地线（光缆）挂点	此点位无特殊危险点
	3	左地线（光缆）大号侧防振锤	此点位无特殊危险点
	4	左地线（光缆）小号侧防振锤	此点位无特殊危险点
C	5	左线上挂点	此点位注意铁塔羊角与横担向外水平延伸长度存在差距，无人机应在上一点位拍摄结束后向后退 1m，再向下降落至本点位
D	6	左线下挂点	此点位无人机应绕绝缘子划圆弧，注意移动过程保持与绝缘子的距离，不过近也不宜过远以免撞到周边并行架设线路；位于导线正上方且距离较近，不宜长时间停留
E	7	中线 V 串左挂点	此点位无特殊危险点
F	8	中线 V 串下挂点	此点位于导线正上方且距离较近，不宜长时间停留
G	9	中线 V 串右挂点	此点位无特殊危险点
H	10	右线下挂点	此点位无人机应绕绝缘子划圆弧，注意移动过程保持与绝缘子的距离，不过近也不宜过远以免撞到周边并行架设线路；位于导线正上方且距离较近，不宜长时间停留
I	11	右线上挂点	此点位无特殊危险点
J	12	右地线（光缆）挂点	此点位无特殊危险点
	13	右地线（光缆）小号侧防振锤	此点位无特殊危险点
	14	右地线（光缆）大号侧防振锤	此点位无特殊危险点
K	15	右地线（光缆）耳轴挂板 右线上挂点耳轴挂板	此点位无特殊危险点

二、无人机具体位置及效果成像图

1. 左地线（光缆）挂点、左线上挂点耳轴挂板（对应位置 A）

（1）无人机悬停位置及云台角度：选取左地线（光缆）挂点正上方 4m 处，云台垂直 90°拍摄。

（2）图像采集要求：能够清晰拍摄地线（光缆）、导线挂点耳轴挂板销针。

（3）成像展示：左地线（光缆）挂点、左线上挂点耳轴挂板见图 4-2。

图4-2　左地线（光缆）挂点、左线上挂点耳轴挂板

2. 左地线（光缆）挂点（对应位置B）

（1）无人机悬停位置及云台角度：选取左地线（光缆）挂点线路外侧4m处，云台平视拍摄。

（2）图像采集要求：能够清晰拍摄所有螺母销针。

（3）成像展示：左地线（光缆）挂点见图4-3。

图4-3　左地线（光缆）挂点

3. 左地线（光缆）大号侧防振锤（对应位置B）

（1）无人机悬停位置及云台角度：选取左地线（光缆）大号侧防振锤外侧4m处，云台平视拍摄，不允许对焦。

（2）图像采集要求：画面刚好容纳所有防振锤，防振锤预绞丝缠绕情况清晰可见。

（3）成像展示：左地线（光缆）大号侧防振锤见图4-4。

图4-4　左地线（光缆）大号侧防振锤

4. 左地线（光缆）小号侧防振锤（对应位置B）

（1）无人机悬停位置及云台角度：选取左地线（光缆）小防振锤外侧4m处，云台平视拍摄，不允许对焦。

（2）图像采集要求：画面刚好容纳所有防振锤，防振锤预绞丝缠绕情况清晰可见。

（3）成像展示：左地线（光缆）小号侧防振锤见图4-5。

图4-5　左地线（光缆）小号侧防振锤

5. 左线上挂点（对应位置 C）

（1）无人机悬停位置及云台角度：选取左线上挂点线路外侧 4m 处，云台平视拍摄。

（2）图像采集要求：所有螺母销针清晰可见，并附带均压环。

（3）成像展示：左线上挂点见图 4-6。

图 4-6　左线上挂点

6. 左线下挂点（对应位置 D）

（1）无人机悬停位置及云台角度：选取左线下挂点线路大号侧斜上方距离导线 2.5～3m 高，云台固定 25°角左右俯视拍摄。

（2）图像采集要求：能够清晰拍摄所有该角度能拍到的螺栓销针、马鞍螺丝，并附带均压环。

（3）成像展示：左线下挂点见图 4-7。

图 4-7　左线下挂点

7. 中线 V 串左上挂点（对应位置 E）

（1）无人机悬停位置及云台角度：选取中线 V 串中间线路大号侧方向 4m 处，云台向右偏斜仰视拍摄。

（2）图像采集要求：所有螺母销针清晰可见，并附带均压环。

（3）成像展示：中线 V 串左上挂点见图 4-8。

图 4-8　中线 V 串左上挂点

8. 中线 V 串下挂点（对应位置 F）

（1）无人机悬停位置及云台角度：选取中线 V 串中间线路大号侧斜上方距离导线 2.5～3m 高，云台固定 25°角左右俯视拍摄。

（2）图像采集要求：能够清晰拍摄所有该角度能拍到的螺栓销针、马鞍螺丝，并附带均压环。

（3）成像展示：中线 V 串下挂点见图 4－9。

图 4－9　中线 V 串下挂点

9. 中线 V 串右上挂点（对应位置 G）

（1）无人机悬停位置及云台角度：选取中线 V 串中间线路大号侧方向 4m 处，云台向左偏斜仰视拍摄。

（2）图像采集要求：所有螺母销针清晰可见，并附带均压坏。

（3）成像展示：中线 V 串右上挂点见图 4－10。

图 4-10 中线 V 串右上挂点

10. 右线下挂点（对应位置 H）

（1）无人机悬停位置及云台角度：选取右线下挂点线路大号侧斜上方距离导线 2.5～3m 高，云台固定 25°角左右俯视拍摄。

（2）图像采集要求：能够清晰拍摄所有该角度能拍到的螺栓销针、马鞍螺丝，并附带均压环。

（3）成像展示：右线下挂点见图 4-11。

图 4-11 右线下挂点

11. 右线上挂点（对应位置 I）

（1）无人机悬停位置及云台角度：选取右线上挂点线路外侧 4m 处，云台平视拍摄。

（2）图像采集要求：能够清晰拍摄所有螺母销针，并附带均压环。

（3）成像展示：右线上挂点见图 4-12。

图 4-12 右线上挂点

12. 右地线（光缆）挂点（对应位置 J）

（1）无人机悬停位置及云台角度：选取右地线（光缆）挂点线路外侧 4m 处，云台平视拍摄。

（2）图像采集要求：能够清晰拍摄所有螺母销针。

（3）成像展示：右地线（光缆）挂点见图 4-13。

13. 右地线（光缆）小号侧防振锤（对应位置 J）

（1）无人机悬停位置及云台角度：选取右地线（光缆）小号侧防振锤外侧 4m 处，云台平视拍摄，不允许对焦。

（2）图像采集要求：画面刚好容纳所有防振锤，防振锤预绞丝缠绕情况清晰可见。

图 4–13　右地线（光缆）挂点

（3）成像展示：右地线（光缆）小号侧防振锤见图 4–14。

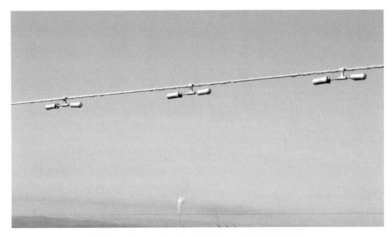

图 4–14　右地线（光缆）小号侧防振锤

14. 右地线（光缆）大号侧防振锤（对应位置 J）

（1）无人机悬停位置及云台角度：选取右地线（光缆）大号侧防振锤外侧 4m 处，云台平视拍摄，不允许对焦。

（2）图像采集要求：画面刚好容纳所有防振锤，防振锤预绞丝缠绕情况清晰可见。

（3）成像展示：右地线（光缆）大号侧防振锤见图4-15。

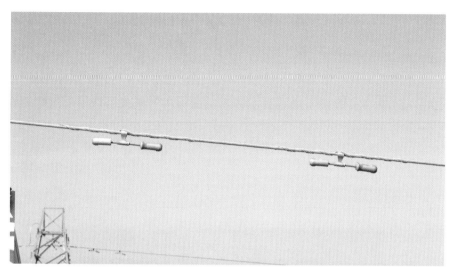

图4-15 右地线（光缆）大号侧防振锤

15. 右地线（光缆）（对应位置K）

（1）无人机悬停位置及云台角度：选取右地线（光缆）挂点正上方4m处，云台垂直90°拍摄。

（2）图像采集要求：能够清晰拍摄地线（光缆）、导线挂点耳轴挂板销针。

（3）成像展示：右地线（光缆）见图4-16。

图4-16 右地线（光缆）

第二节　交流单回耐张塔

　　交流单回耐张塔整体采用倒 U 型巡视路径，左右两单侧均采取蛇形巡视路径（见图 4–17～图 4–19），下面巡视示例 1 基交流单回耐张塔拍摄总张数为 64 张（见表 4–2）。

　　本节拍摄流程图以交流单回耐张塔（中线跳线在左侧）为例。

一、拍摄流程图

图 4–17　交流单回耐张塔左侧蛇形无人机巡视路径（铁塔左侧）

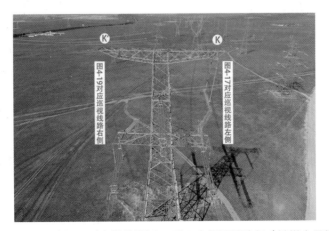

图 4–18　交流单回耐张塔越塔倒 U 型无人机巡视路径（铁塔大号侧）

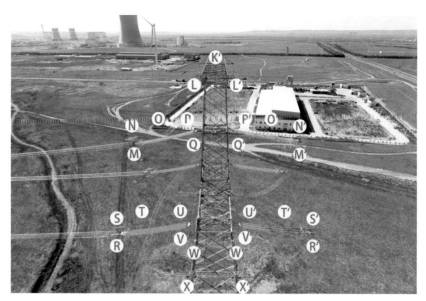

图 4–19　交流单回耐张塔右侧蛇形无人机巡视路径（铁塔右侧）

小贴士： 因耐张塔结构复杂，其中某些部件无人机需要从不同角度拍摄多张照片，以弥补不足。如导线端挂点需要拍摄 3 张、横担端挂点需要拍摄 2 张、绝缘子需要拍摄 2 张。因此表 4-2 中拍摄部件栏内描述的"（1）、（2）、（3）"等序号标识分别表示铁塔某一个采集目标的不同位置角度采集图像名称。例如："（1）"表示左侧仰视拍，"（2）"表示右侧仰视拍，"（3）"表示俯视拍，"（4）"表示平视拍，俯视、平视、仰视是指无人机云台的俯仰角度。

下文中表 4–4"直流单回耐张塔拍摄顺序"中拍摄部件序号含义与此相同。

表 4–2　　　　　　　　　　交流单回耐张塔拍摄顺序

悬停位置编号	拍摄顺序编号	拍摄部件	安全提示
A	1	左线大号侧导线端挂点（1）	此点位无特殊危险点
	2	左线大号侧导线端挂点（2）	此点位无特殊危险点
B	3	左线大号侧导线端挂点（3）	此点位无特殊危险点
B	4	左线大号侧绝缘子（1）	此点位无特殊危险点
C	5	左线大号侧绝缘子（2）	此点位无特殊危险点
D	6	左线大号侧横担端挂点（1）	此点位注意绝缘子横担端高于导线端整体存在高度差，无人机由上一点位拍摄结束后，应一边适当上移再一边向本点位移动，与绝缘子保持安全距离
E	7	左线大号侧横担端挂点（2）	此点位离绝缘子较近，时刻注意保持合理的水平、垂直距离

续表

悬停位置编号	拍摄顺序编号	拍摄部件	安全提示
F	8	左线大号侧跳线上挂点	此点位无特殊危险点
G	9	左线大号侧跳线下挂点	此点位无特殊危险点
G′	10	左线小号侧跳线下挂点	此点位无特殊危险点
F′	11	左线小号侧跳线上挂点	此点位无特殊危险点
E′	12	左线小号侧横担端挂点（2）	此点位离绝缘子较近，时刻注意保持合理的水平、垂直距离
D′	13	左线小号侧横担端挂点（1）	此点位注意绝缘子横担端高于导线端整体存在高度差，无人机由上一点位拍摄结束后，应一边适当上移再一边向本点位移动，与绝缘子保持安全距离
C′	14	左线小号侧绝缘子（2）	此点位无特殊危险点
B′	15	左线小号侧绝缘子（1）	此点位无特殊危险点
B′	16	左线小号侧导线端挂点（3）	此点位无特殊危险点
A′	17	左线小号侧导线端挂点（2）	此点位无特殊危险点
A′	18	左线小号侧导线端挂点（1）	此点位无特殊危险点
自此左线单相巡视巡检完毕			
H′	19	中线小号侧跳线下挂点	此点位无特殊危险点
H	20	中线大号侧跳线下挂点	此点位无特殊危险点
I	21	中线大号侧跳线上挂点	此点位无特殊危险点
I′	22	中线小号侧跳线上挂点	此点位无特殊危险点
自此中线跳线巡视完毕			
J′	23	左地线（光缆）小号侧防振锤	此点位无特殊危险点
J′	24	左地线（光缆）小号侧挂点	此点位无特殊危险点
J	25	左地线（光缆）大号侧挂点	此点位无特殊危险点
J	26	左地线（光缆）大号侧防振锤	此点位无特殊危险点
K	27	左地线（光缆）大、小号侧耳轴挂板	此点位无特殊危险点
自此铁塔左侧全部巡视完毕			
K′	28	右地线（光缆）大、小号侧耳轴挂板	此点位无特殊危险点
L	29	右地线（光缆）小号侧防振锤	此点位无特殊危险点
L	30	右地线（光缆）小号侧挂点	此点位无特殊危险点
L′	31	右地线（光缆）大号侧挂点	此点位无特殊危险点
L′	32	右地线（光缆）大号侧防振锤	此点位无特殊危险点
自此右地线巡视完毕			
M′	33	中线大号侧导线端挂点（1）	此点位无特殊危险点
M′	34	中线大号侧导线端挂点（2）	此点位无特殊危险点
N′	35	中线大号侧导线端挂点（3）	此点位无特殊危险点

悬停位置编号	拍摄顺序编号	拍摄部件	安全提示
N′	36	中线大号侧绝缘子（1）	此点位无特殊危险点
O′	37	中线大号侧绝缘子（2）	此点位无特殊危险点
P′	38	中线大号侧横担端挂点（1）	此点位注意绝缘子横担端高于导线端整体存在高度差，无人机由上一点位拍摄结束后，应一边适当上移再一边向本点位移动，与绝缘子保持安全距离
Q′	39	中线大号侧横担端挂点（2）	此点位离绝缘子较近，时刻注意保持合理的水平、垂直距离
Q	40	中线小号侧横担端挂点（2）	此点位注意无人机需由上一点位穿过上下横担移动至本点位，要确保无人机位于上下横担中间；离绝缘子较近，时刻注意保持合理的水平、垂直距离
P	41	中线小号侧横担端挂点（1）	此点位无特殊危险点
O	42	中线小号侧绝缘子（2）	此点位无特殊危险点
N	43	中线小号侧绝缘子（1）	此点位无特殊危险点
N	44	中线小号侧导线端挂点（3）	此点位无特殊危险点
M	45	中线小号侧导线端挂点（2）	此点位无特殊危险点
M	46	中线小号侧导线端挂点（1）	此点位无特殊危险点
自此中线单相巡视完毕			
R	47	右线小号侧导线端挂点（1）	此点位注意确保无人机已由上一点位后退至铁塔边线外侧，再下降至本点位
R	48	右线小号侧导线端挂点（2）	此点位无特殊危险点
S	49	右线小号侧导线端挂点（3）	此点位无特殊危险点
S	50	右线小号侧绝缘子（1）	此点位无特殊危险点
T	51	右线小号侧绝缘子（2）	此点位无特殊危险点
U	52	右线小号侧横担端挂点（1）	此点位注意绝缘子横担端高于导线端整体存在高度差，无人机由上一点位拍摄结束后，应一边适当上移再一边向本点位移动，与绝缘子保持安全距离
V	53	右线小号侧横担端挂点（2）	此点位离绝缘子较近，时刻注意保持合理的水平、垂直距离
W	54	右线小号侧跳线上挂点	此点位无特殊危险点
X	55	右线小号侧跳线下挂点	此点位无特殊危险点
X′	56	右线大号侧跳线下挂点	此点位无特殊危险点
W′	57	右线大号侧跳线上挂点	此点位无特殊危险点
V′	58	右线大号侧横担端挂点（2）	此点位离绝缘子较近，时刻注意保持合理的水平、垂直距离

悬停位置编号	拍摄顺序编号	拍摄部件	安全提示
U′	59	右线大号侧横担端挂点（1）	此点位注意绝缘子横担端高于导线端整体存在高度差，无人机由上一点位拍摄结束后，应一边适当上移再一边向本点位移动，与绝缘子保持安全距离
T′	60	右线大号侧绝缘子（2）	此点位无特殊危险点
S′	61	右线大号侧绝缘子（1）	此点位无特殊危险点
S′	62	右线大号侧导线端挂点（3）	此点位无特殊危险点
R′	63	右线大号侧导线端挂点（2）	此点位无特殊危险点
R′	64	右线大号侧导线端挂点（1）	此点位无特殊危险点
自此一基 1000kV 单回耐张塔全部巡视完毕			

二、无人机具体位置及效果成像图

1. 左线大号侧导线端挂点（1）（对应位置 A）

（1）无人机悬停位置及云台角度：选取左线大号侧导线端挂点线路外侧 4m 处，云台微仰拍摄。

（2）图像采集要求：能够清晰拍摄绝大部分向下穿向的螺栓销针。

（3）成像展示：左线大号侧导线端挂点（1）见图 4−20。

图 4−20　左线大号侧导线端挂点（1）

2. 左线大号侧导线端挂点（2）（对应位置 A）

（1）无人机悬停位置及云台角度：选取左线大号侧导线端挂点线路外侧 4m 处，云台微仰拍摄。

（2）图像采集要求：能够清晰补充拍摄上一张未拍全的向下穿的螺栓销针以及耐张线夹出口。

（3）成像展示：左线大号侧导线端挂点（2）见图 4-21。

图 4-21　左线大号侧导线端挂点（2）

3. 左线大号侧导线端挂点（3）（对应位置 B）

（1）无人机悬停位置及云台角度：选取左线大号侧导线端挂点正上方 4m 处，云台垂直 90°拍摄。

（2）图像采集要求：能够清晰拍摄所有左右对向穿向的螺栓销针。

（3）成像展示：左线大号侧导线端挂点（3）见图 4-22。

4. 左线大号侧绝缘子（1）（对应位置 B）

（1）无人机悬停位置及云台角度：选取左线大号侧绝缘子线路外侧斜上方 4m 处，云台俯视拍摄。

（2）图像采集要求：能够清晰拍摄所有绝缘子 R 销情况。

（3）成像展示：左线大号侧绝缘子（1）见图 4-23。

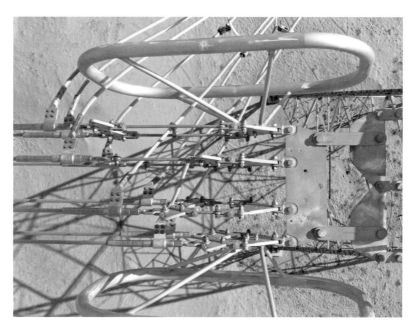

图 4-22 左线大号侧导线端挂点（3）

图 4-23 左线大号侧绝缘子（1）

5. 左线大号侧绝缘子（2）（对应位置 C）

（1）无人机悬停位置及云台角度：选取左线大号侧绝缘子线路外侧斜上方 4m 处，云台俯视拍摄。

（2）图像采集要求：能够清晰拍摄所有绝缘子 R 销情况。

（3）成像展示：左线大号侧绝缘子（2）见图 4-24。

图 4-24　左线大号侧绝缘子（2）

6. 左线大号侧横担端挂点挂点（1）（对应位置 D）

（1）无人机悬停位置及云台角度：选取左线大号侧绝缘子正上方 4m 处，云台俯视拍摄。

（2）图像采集要求：能够清晰拍摄所有左右对向穿螺栓、耳轴挂板销针。

（3）成像展示：左线大号侧横担端挂点（1）见图 4-25。

图 4-25　左线大号侧横担端挂点（1）

7. 左线大号侧横担端挂点（2）（对应位置 E）

（1）无人机悬停位置及云台角度：选取左线大号侧横担端挂点线路外侧距离绝缘子垂直 2.5m、水平距离 3m 处，云台仰视拍摄。

（2）图像采集要求：能够清晰拍摄所有向下穿螺栓销针。

（3）成像展示：左线大号侧横担端挂点（2）见图 4-26。

图 4-26　左线大号侧横担端挂点（2）

8. 左线大号侧跳线上挂点（对应位置 F）

（1）无人机悬停位置及云台角度：选取左线大号侧跳线上挂点线路外侧 4m 处，平视拍摄。

（2）图像采集要求：能够清晰拍摄所有螺栓销针，并附带均压环。

（3）成像展示：左线大号侧跳线上挂点见图 4-27。

9. 左线大号侧跳线下挂点（对应位置 G）

（1）无人机悬停位置及云台角度：悬停位置选取左线大号侧跳线下挂点上方线路外侧 4m 处，俯视拍摄。

（2）图像采集要求：能够清晰拍摄所有螺栓销针，并附带均压环，同时尽可能多的附带跳线间隔棒、重锤片上的销针。

（3）成像展示：左线大号侧跳线下挂点见图 4-28。

图 4-27　左线大号侧跳线上挂点

图 4-28　左线大号侧跳线下挂点

10. 左线小号侧跳线下挂点（对应位置 G′）

（1）无人机悬停位置及云台角度：悬停位置选取左线小号侧跳线下挂点上方线路外侧 4m 处，俯视拍摄。

（2）图像采集要求：能够清晰拍摄所有螺栓销针，并附带均压环，同时尽可能多的附带跳线间隔棒、重锤片上的销针。

（3）成像展示：左线小号侧跳线下挂点见图 4－29。

图 4－29　左线小号侧跳线下挂点

11. 左线小号侧跳线上挂点（对应位置 F′）

（1）无人机悬停位置及云台角度：选取左线小号侧跳线上挂点线路外侧 4m 处，平视拍摄。

（2）图像采集要求：能够清晰拍摄所有螺栓销针，并附带均压环。

（3）成像展示：左线小号侧跳线上挂点见图 4－30。

图 4-30 左线小号侧跳线上挂点

12. 左线小号侧横担端挂点（2）（对应位置 E′）

（1）无人机悬停位置及云台角度：选取左线小号侧横担端挂点线路外侧距离绝缘子垂直 2.5m、水平距离 3m 处，云台仰视拍摄。

（2）图像采集要求：能够清晰拍摄所有向下穿螺栓销针。

（3）成像展示：左线小号侧横担端挂点（2）见图 4-31。

图 4-31 左线小号侧横担端挂点（2）

13. 左线小号侧横担端挂点（1）（对应位置 D′）

（1）无人机悬停位置及云台角度：选取左线小号侧绝缘子正上方 4m 处，云台俯视拍摄。

（2）图像采集要求：能够清晰拍摄所有左右对向穿螺栓、耳轴挂板销针。

（3）成像展示：左线小号侧横担端挂点（1）见图 4-32。

图 4-32　左线小号侧横担端挂点（1）

14. 左线小号侧绝缘子（2）（对应位置 C′）

（1）无人机悬停位置及云台角度：选取左线小号侧绝缘子线路外侧斜上方 4m 处，云台俯视拍摄。

（2）图像采集要求：能够清晰拍摄所有绝缘子 R 销情况。

（3）成像展示：左线小号侧绝缘子（2）见图 4-33。

图 4-33 左线小号侧绝缘子（2）

15. 左线小号侧绝缘子（1）（对应位置 B′）

（1）无人机悬停位置及云台角度：选取左线小号侧绝缘子线路外侧斜上方 4m 处，云台俯视拍摄。

（2）图像采集要求：能够清晰拍摄所有绝缘子 R 销情况。

（3）成像展示：左线小号侧绝缘子（1）见图 4-34。

图 4-34 左线小号侧绝缘子（1）

16. 左线小号侧导线端挂点（3）（对应位置 B′）

（1）无人机悬停位置及云台角度：选取左线小号侧导线端挂点正上方 4m 处，云台垂直 90°拍摄。

（2）图像采集要求：能够清晰拍摄所有左右对向穿向的螺栓销针。

（3）成像展示：左线小号侧导线端挂点（3）见图 4－35。

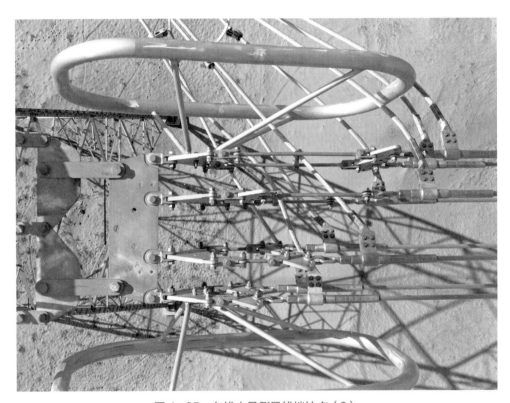

图 4－35　左线小号侧导线端挂点（3）

17. 左线小号侧导线端挂点（2）（对应位置 A′）

（1）无人机悬停位置及云台角度：选取左线小号侧导线端挂点线路外侧 4m 处，云台微仰拍摄。

（2）图像采集要求：能够清晰拍摄绝大部分向下穿的螺栓销针以及耐张线夹出口。

（3）成像展示：左线小号侧导线端挂点（2）见图 4－36。

图 4-36 左线小号侧导线端挂点（2）

18. 左线小号侧导线端挂点（1）（对应位置 A′）

（1）无人机悬停位置及云台角度：选取左线小号侧导线端挂点线路外侧 4m 处，云台微仰拍摄。

（2）图像采集要求：能够清晰补充上一张未拍全的向下穿向的螺栓销针。

（3）成像展示：左线小号侧导线端挂点（1）见图 4-37。

图 4-37 左线小号侧导线端挂点（1）

19. 中线小号侧跳线下挂点（对应位置 H′）

（1）无人机悬停位置及云台角度：悬停位置选取中线小号侧跳线下挂点上方线路外侧 4m 处，俯视拍摄。

（2）图像采集要求：能够清晰拍摄所有螺栓销针，并附带均压环，同时尽可能多的附带跳线间隔棒、重锤片上的销针。

（3）成像展示：中线小号侧跳线下挂点见图 4-38。

图 4-38　中线小号侧跳线下挂点

20. 中线大号侧跳线下挂点（对应位置 H）

（1）无人机悬停位置及云台角度：悬停位置选取中线大号侧跳线下挂点上方线路外侧 4m 处，俯视拍摄。

（2）图像采集要求：能够清晰拍摄所有螺栓销针，并附带均压环，同时尽可能多的附带跳线间隔棒、重锤片上的销针。

（3）成像展示：中线大号侧跳线下挂点见图 4-39。

21. 中线大号侧跳线上挂点（对应位置 I）

（1）无人机悬停位置及云台角度：选取中线大号侧跳线上挂点线路外侧 4m 处，平视拍摄。

（2）图像采集要求：能够清晰拍摄所有螺栓销针，并附带均压环。

（3）成像展示：中线大号侧跳线上挂点见图 4-40。

图 4-39　中线大号侧跳线下挂点

图 4-40　中线大号侧跳线上挂点

22. 中线小号侧跳线上挂点（对应位置 I′）

（1）无人机悬停位置及云台角度：选取中线小号侧跳线上挂点线路外侧 4m 处，平视拍摄。

（2）图像采集要求：能够清晰拍摄所有螺栓销针，并附带均压环。

（3）成像展示：中线小号侧跳线上挂点见图 4-41。

图 4−41　中线小号侧跳线上挂点

23. 左地线（光缆）小号侧防振锤（对应位置 J′）

（1）无人机悬停位置及云台角度：选取左地线（光缆）小号侧防振锤外侧 4m 处，云台平视拍摄，不允许对焦。

（2）图像采集要求：画面刚好容纳所有防振锤，防振锤预绞丝缠绕情况清晰可见。

（3）成像展示：左地线（光缆）小号侧防振锤见图 4−42。

图 4−42　左地线（光缆）小号侧防振锤

24. 左地线（光缆）小号侧挂点（对应位置 J′）

（1）无人机悬停位置及云台角度：选取左地线小号侧线路外侧 4m 处，云台向大号侧偏斜仰视拍摄。

（2）图像采集要求：能够清晰拍摄所有向下穿向的螺栓销针、耐张线夹出口。

（3）成像展示：左地线（光缆）小号侧挂点见图 4-43。

图 4-43 左地线（光缆）小号侧挂点

25. 左地线（光缆）大号侧挂点（对应位置 J）

（1）无人机悬停位置及云台角度：选取左地线大号侧线路外侧 4m 处，云台向小号侧偏斜仰视拍摄。

（2）图像采集要求：能够清晰拍摄所有向下穿向的螺栓销针、耐张线夹出口。

（3）成像展示：左地线（光缆）大号侧挂点见图 4-44。

26. 左地线（光缆）大号侧防振锤（对应位置 J）

（1）无人机悬停位置及云台角度：选取左地线（光缆）大号侧防振锤外侧 4m 处，云台平视拍摄，不允许对焦。

（2）图像采集要求：画面刚好容纳所有防振锤，防振锤预绞丝缠绕情况清晰可见。

（3）成像展示：左地线（光缆）大号侧防振锤见图 4-45。

图 4-44 左地线（光缆）大号侧挂点

图 4-45 左地线（光缆）大号侧防振锤

27. 左地线（光缆）大、小号侧耳轴挂板（对应位置 K）

（1）无人机悬停位置及云台角度：选取左地线横担正上方 5m 处，云台垂直 90°拍摄。

（2）图像采集要求：能够清晰拍摄大、小号两侧的耳轴挂板销针。

（3）成像展示：左地线（光缆）大、小号侧耳轴挂板见图 4-46。

图 4-46　左地线（光缆）大、小号侧耳轴挂板

🔍 **小贴士**：铁塔左侧已经涵盖右侧所有金具类型，后续对于铁塔右侧拍摄的无人机具体位置及效果成像图与左侧一致，因此铁塔右侧参考上面的左侧进行拍摄、无人机移动路径按图 4-19、表 4-2 中叙述的移动即可。

第三节　直流直线塔

直流直线塔一般选用 W 型无人机巡视路径（见图 4-47），根据下面巡视示例 1 基直流单回直线塔拍摄总张数为 12 张（见表 4-3）。

一、巡视流程图

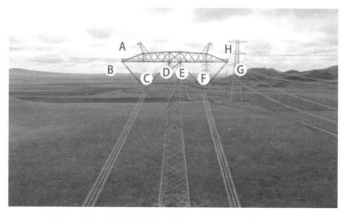

图 4-47　直流单回直线塔 W 形无人机巡视路径

表 4-3 　　　　　　　　　　　直流单回直线塔拍摄顺序

悬停顺序编号	拍摄顺序编号	拍摄部件	安全提示
A	1	左地线（光缆）挂点	此点位无特殊危险点
	2	左地线（光缆）大号侧防振锤	此点位无特殊危险点
	3	左地线（光缆）小号侧防振锤	此点位无特殊危险点
B	4	极Ⅰ线Ⅴ串左挂点	此点位注意铁塔羊角与横担向外水平延伸长度存在差距，无人机应在上一点位拍摄结束后向后退1m，再向下降落至本点位
C	5	极Ⅰ线Ⅴ串下挂点	此点位无人机应绕绝缘子画圆弧，注意移动过程保持与绝缘子的距离，不宜过近也不宜过远以免撞到周边并行架设线路；位于导线正上方且距离较近，不宜长时间停留
D	6	极Ⅰ线Ⅴ串右挂点	此点位无特殊危险点
下面开始按照正U型循环极Ⅱ线			
E	7	极Ⅱ线Ⅴ串左挂点	此点位无特殊危险点
F	8	极Ⅱ线Ⅴ串下挂点	此点位无人机应绕绝缘子画圆弧，注意移动过程保持与绝缘子的距离，不宜过近也不宜过远以免撞到周边并行架设线路；位于导线正上方且距离较近，不宜长时间停留
G	9	极Ⅱ线Ⅴ串右挂点	此点位无特殊危险点
H	10	右地线（光缆）挂点	此点位无特殊危险点
H	11	右地线（光缆）大号侧防振锤	此点位无特殊危险点
H	12	右地线（光缆）小号侧防振锤	此点位无特殊危险点

二、无人机具体位置及效果成像图

1. 左地线（光缆）挂点（对应位置 A）

（1）无人机悬停位置及云台角度：选取左地线挂点线路外侧 4m 处，云台平视拍摄。

（2）图像采集要求：能够清晰拍摄所有螺栓销针。

（3）成像展示：左地线（光缆）挂点见图 4-48。

图 4-48 左地线（光缆）挂点

2. 左地线（光缆）大号侧防振锤（对应位置 A）

（1）无人机悬停位置及云台角度：选取左地线（光缆）大号侧防振锤外侧 4m 处，云台平视拍摄，不允许对焦。

（2）图像采集要求：画面刚好容纳所有防振锤，防振锤预绞丝缠绕情况清晰可见。

（3）成像展示：左地线（光缆）大号侧防振锤见图 4-49。

图 4-49 左地线（光缆）大号侧防振锤

3. 左地线（光缆）小号侧防振锤（对应位置 A）

（1）无人机悬停位置及云台角度：选取左地线（光缆）小号侧防振锤外侧 4m 处，云台平视拍摄，不允许对焦。

（2）图像采集要求：画面刚好容纳所有防振锤，防振锤预绞丝缠绕情况清晰可见。

（3）成像展示：左地线（光缆）小号侧防振锤见图 4 – 50。

图 4 – 50　左地线（光缆）小号侧防振锤

4. 极 I 线 V 串左挂点（对应位置 B）

（1）无人机悬停位置及云台角度：选取极 I 线 V 串左挂点线路外侧偏下 4m 处，云台仰视拍摄。

（2）图像采集要求：能够清晰拍摄所有螺栓、耳轴挂板销针。

（3）成像展示：极 I 线 V 串左挂点见图 4 – 51。

5. 极 I 线 V 串下挂点（对应位置 C）

（1）无人机悬停位置及云台角度：选取极 I 线 V 串下挂点线路大号侧方向斜上方距离导线 2.5～3m 高处，云台固定 25° 角左右俯视拍摄。

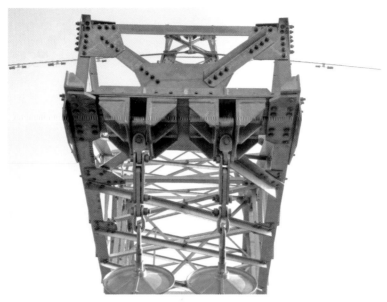

图 4-51　极 I 线 V 串左挂点

（2）图像采集要求：能够清晰拍摄所有该角度能拍到的螺栓销针、马鞍螺丝，并附带均压环。

（3）成像展示：极 I 线 V 串下挂点见图 4-52。

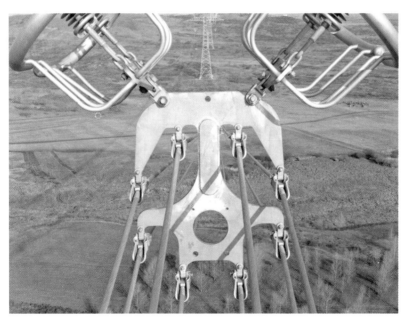

图 4-52　极 I 线 V 串下挂点

6. 极Ⅰ线Ⅴ串右挂点（对应位置Ｄ）

（1）无人机悬停位置及云台角度：选取极Ⅰ线Ⅴ串右挂点线路大号侧4m处，云台平视向右偏斜拍摄。

（2）图像采集要求：能够清晰拍摄所有本角度能拍到的螺栓、耳轴挂板销针。

（3）成像展示：极Ⅰ线Ⅴ串右挂点见图4-53。

图4-53 极Ⅰ线Ⅴ串右挂点

小贴士：本部位因铁塔构造原因无法同极Ⅰ线横担端左挂点一般由其侧面进行拍摄，为提高电池利用效率、作业安全性，故不前往小号侧对未能在本角度拍摄的螺栓、销针进行补拍。

7. 极Ⅱ线Ⅴ串左挂点（对应位置Ｅ）

（1）无人机悬停位置及云台角度：选取极Ⅱ线Ⅴ串左挂点线路大号侧4m处，云台平视向左偏斜拍摄。

（2）图像采集要求：能够清晰拍摄所有本角度能拍到的螺栓、耳轴挂板销针。

（3）成像展示：极Ⅱ线Ⅴ串左挂点见图4-54。

图 4-54　极Ⅱ线Ⅴ串左挂点

📖 **小贴士**：本部位因铁塔构造原因无法同极Ⅰ线横担端左挂点一般由其侧面进行拍摄，为提高电池利用效率、作业安全性，故不前往小号侧对未能在本角度拍摄的螺栓、销针进行补拍。

8. 极Ⅱ线Ⅴ串下挂点（对应位置 F）

（1）无人机悬停位置及云台角度：选取极Ⅱ线Ⅴ串下挂点线路大号侧方向斜上方距离导线 2.5～3m 高处，云台固定 25°角左右俯视拍摄。

（2）图像采集要求：能够清晰拍摄所有该角度能拍到的螺栓销针、马鞍螺丝，并附带均压环。

（3）成像展示：极Ⅱ线Ⅴ串下挂点见图 4-55。

9. 极Ⅱ线Ⅴ串右挂点（对应位置 G）

（1）无人机悬停位置及云台角度：选取极Ⅱ线Ⅴ串右挂点线路外侧偏下 4m 处，云台仰视拍摄。

（2）图像采集要求：能够清晰拍摄所有螺栓、耳轴挂板销针。

（3）成像展示：极Ⅱ线Ⅴ串右挂点见图 4-56。

图 4-55 极 Ⅱ 线 V 串下挂点

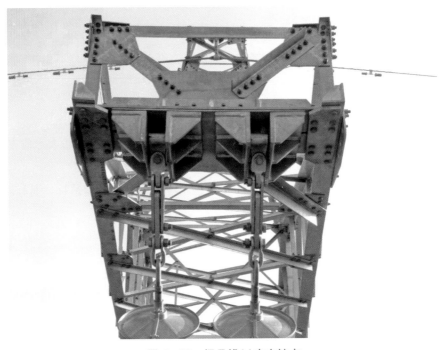

图 4-56 极 Ⅱ 线 V 串右挂点

10. 右地线（光缆）挂点（对应位置 H）

（1）无人机悬停位置及云台角度：选取右地线（光缆）挂点线路外侧 4m 处，云台平视拍摄。

（2）图像采集要求：能够清晰拍摄所有螺栓、耳轴挂板销针。

（3）成像展示：右地线（光缆）挂点见图 4–57。

图 4–57　右地线（光缆）挂点

11. 右地线（光缆）大号侧防振锤（对应位置 H）

（1）无人机悬停位置及云台角度：选取右地线（光缆）大号侧防振锤外侧 4m 处，云台平视拍摄，不允许对焦。

（2）图像采集要求：画面刚好容纳所有防振锤，防振锤预绞丝缠绕情况清晰可见。

（3）成像展示：右地线（光缆）大号侧防振锤见图 4–58。

12. 右地线（光缆）小号侧防振锤（对应位置 H）

（1）无人机悬停位置及云台角度：选取右地线（光缆）小号侧防振锤外侧 4m 处，云台平视拍摄，不允许对焦。

图 4-58　右地线（光缆）大号侧防振锤

（2）图像采集要求：画面刚好容纳所有防振锤，防振锤预绞丝缠绕情况清晰可见。

（3）成像展示：右地线（光缆）小号侧防振锤见图 4-59。

图 4-59　右地线（光缆）小号侧防振锤

第四节 直 流 耐 张 塔

直流耐张塔整体采用倒 U 型巡视路径，左右两单侧均采取蛇形巡视路径（见图 4-60～图 4-63），根据下面巡视示例 1 基直流单回耐张塔拍摄总张数为 50 张（见表 4-4）。

一、巡视流程图

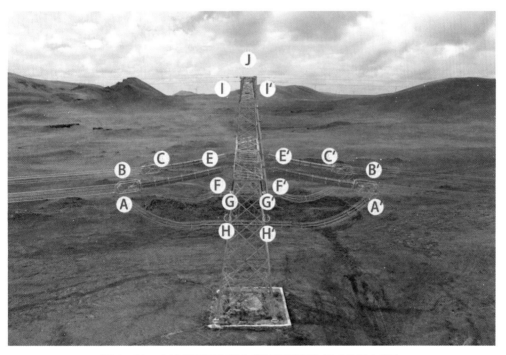

图 4-60 直流单回耐张塔左侧蛇形巡视路径（铁塔左侧）

图4-61　直流单回耐张塔左侧蛇形巡视路径（铁塔大号侧）

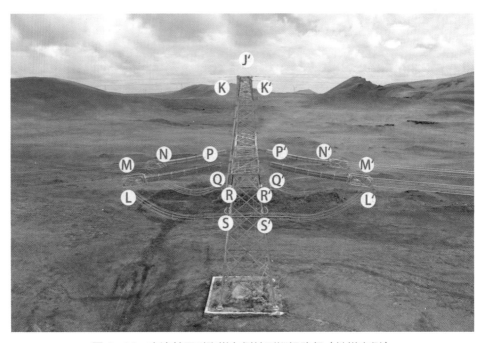

图4-62　直流单回耐张塔左侧蛇形巡视路径（铁塔右侧）

图 4-63　直流单回耐张塔左侧蛇形巡视路径（铁塔小号侧）

表 4-4　　　　　　　　　　直流单回耐张塔拍摄顺序

悬停顺序编号	拍摄顺序编号	拍摄部件	安全提示
A	1	极 I 线大号侧导线端挂点（1）	此点位无特殊危险点
A	2	极 I 线大号侧导线端挂点（2）	此点位无特殊危险点
B	3	极 I 线大号侧导线端挂点（3）	此点位无特殊危险点
B	4	极 I 线大号侧绝缘子（1）	此点位无特殊危险点
C	5	极 I 线大号侧绝缘子（2）	此点位无特殊危险点
D	6	极 I 线大号侧 V 串右挂点	此点位无特殊危险点
E	7	极 I 线大号侧横担端挂点（1）	此点位注意绝缘子横担端高于导线端整体存在高度差，无人机由上一点位拍摄结束后，应一边适当上移再一边向本点位移动，与绝缘子保持安全距离
F	8	极 I 线大号侧横担端挂点（2）	此点位离绝缘子较近，时刻注意保持合理的水平、垂直距离
G	9	极 I 线大号侧 V 串左挂点	此点位无特殊危险点
H	10	极 I 线大号侧 V 串下挂点	此点位无特殊危险点
H'	11	极 I 线小号侧 V 串下挂点	此点位无特殊危险点
G'	12	极 I 线小号侧 V 串左挂点	此点位无特殊危险点

悬停顺序编号	拍摄顺序编号	拍摄部件	安全提示
F′	13	极Ⅰ线小号侧横担端挂点（2）	此点位离绝缘子较近,时刻注意保持合理的水平、垂直距离
E′	14	极Ⅰ线小号侧横担端挂点（1）	此点位注意绝缘子横担端高于导线端整体存在高度差,无人机由上一点位拍摄结束后,应一边适当上移再一边向本点位移动,与绝缘子保持安全距离
D′	15	极Ⅰ线小号侧V串右挂点	此点位无特殊危险点
C′	16	极Ⅰ线小号侧绝缘子（2）	此点位无特殊危险点
B′	17	极Ⅰ线小号侧绝缘子（1）	此点位无特殊危险点
B′	18	极Ⅰ线小号侧导线端挂点（3）	此点位无特殊危险点
A′	19	极Ⅰ线小号侧导线端挂点（2）	此点位无特殊危险点
A′	20	极Ⅰ线小号侧导线端挂点（1）	此点位无特殊危险点
I′	21	左地线（光缆）小号侧防振锤	此点位无特殊危险点
I′	22	左地线（光缆）小号侧挂点	此点位无特殊危险点
I	23	左地线（光缆）大号侧挂点	此点位无特殊危险点
I	24	左地线（光缆）大号侧防振锤	此点位无特殊危险点
J	25	左地线（光缆）大、小号侧挂点耳轴挂板	此点位无特殊危险点
自此极Ⅰ线巡视完毕			
J′	26	右地线（光缆）大、小号侧挂点耳轴挂板	此点位无特殊危险点
K′	27	右地线（光缆）大号侧防振锤	此点位无特殊危险点
K′	28	右地线（光缆）大号侧挂点	此点位无特殊危险点
K	29	右地线（光缆）小号侧挂点	此点位无特殊危险点
K	30	右地线（光缆）小号侧防振锤	此点位无特殊危险点
L	31	极Ⅱ线小号侧导线端挂点（1）	此点位无特殊危险点
L	32	极Ⅱ线小号侧导线端挂点（2）	此点位无特殊危险点
M	33	极Ⅱ线小号侧导线端挂点（3）	此点位无特殊危险点
M	34	极Ⅱ线小号侧绝缘子（1）	此点位无特殊危险点
N	35	极Ⅱ线小号侧绝缘子（2）	此点位无特殊危险点
O	36	极Ⅱ线小号侧V串左挂点	此点位无特殊危险点
P	37	极Ⅱ线小号侧横担端挂点（1）	此点位注意绝缘子横担端高于导线端整体存在高度差,无人机由上一点位拍摄结束后,应一边适当上移再一边向本点位移动,与绝缘子保持安全距离

悬停顺序编号	拍摄顺序编号	拍摄部件	安全提示
Q	38	极Ⅱ线小号侧横担端挂点（2）	此点位离绝缘子较近，时刻注意保持合理的水平、垂直距离
R	39	极Ⅱ线小号侧V串右挂点	此点位无特殊危险点
S	40	极Ⅱ线小号侧V串下挂点	此点位无特殊危险点
S′	41	极Ⅱ线大号侧V串下挂点	此点位无特殊危险点
R′	42	极Ⅱ线大号侧V串右挂点	此点位无特殊危险点
Q′	43	极Ⅱ线大号侧横担端挂点（2）	此点位离绝缘子较近，时刻注意保持合理的水平、垂直距离
O′	44	极Ⅱ线大号侧V串左挂点	此点位无特殊危险点
P′	45	极Ⅱ线大号侧横担端挂点（1）	此点位注意绝缘子横担端高于导线端整体存在高度差，无人机由上一点位拍摄结束后，应一边适当上移再一边向本点位移动，与绝缘子保持安全距离
N′	46	极Ⅱ线大号侧绝缘子（2）	此点位无特殊危险点
M′	47	极Ⅱ线大号侧绝缘子（1）	此点位无特殊危险点
M′	48	极Ⅱ线大号侧导线端挂点（3）	此点位无特殊危险点
L′	49	极Ⅱ线大号侧导线端挂点（2）	此点位无特殊危险点
L′	50	极Ⅱ线大号侧导线端挂点（1）	此点位无特殊危险点
自此单回耐张塔全部巡视完毕			

二、无人机具体位置及效果成像图

1. 极Ⅰ线大号侧导线端挂点（1）（对应位置A）

（1）无人机悬停位置及云台角度：选取极Ⅰ线大号侧导线端挂点线路外侧4m处，云台微仰拍摄。

（2）图像采集要求：能够清晰拍摄绝大部分向下穿的螺栓、销针。

（3）成像展示：极Ⅰ线大号侧导线端挂点（1）见图4-64。

2. 极Ⅰ线大号侧导线端挂点（2）（对应位置A）

（1）无人机悬停位置及云台角度：选取极Ⅰ线大号侧导线端挂点线路外侧4m处，云台微仰拍摄。

（2）图像采集要求：能够清晰补充拍摄上一张未拍全的向下穿的螺栓、销针以及耐张线夹出口。

图 4-64　极 I 线大号侧导线端挂点（1）

（3）成像展示：极 I 线大号侧导线端挂点（2）见图 4-65。

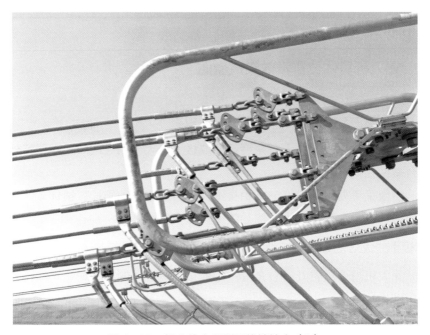

图 4-65　极 I 线大号侧导线端挂点（2）

3. 极Ⅰ线大号侧导线端挂点（3）（对应位置 B）

（1）无人机悬停位置及云台角度：选取极Ⅰ线大号侧导线端挂点正上方 4m 处，云台垂直 90°拍摄。

（2）图像采集要求：能够清晰拍摄所有左右对向穿向的螺栓销针、耐张线夹出口部分。

（3）成像展示：极Ⅰ线大号侧导线端挂点（3）见图 4 – 66。

图 4 – 66　极Ⅰ线大号侧导线端挂点（3）

4. 极Ⅰ线大号侧绝缘子（1）（对应位置 B）

（1）无人机悬停位置及云台角度：选取极Ⅰ线大号侧绝缘子线路外侧斜上方 4m 处，云台俯视拍摄。

（2）图像采集要求：能够清晰拍摄所有绝缘子 R 销情况。

（3）成像展示：极Ⅰ线大号侧绝缘子（1）见图 4 – 67。

图 4-67 极Ⅰ线大号侧绝缘子（1）

5. 极Ⅰ线大号侧绝缘子（2）（对应位置 C）

（1）人机悬停位置及云台角度：选取极Ⅰ线大号侧绝缘子线路外侧斜上方 4m 处，云台俯视拍摄。

（2）图像采集要求：能够清晰拍摄所有绝缘子 R 销情况。

（3）成像展示：极Ⅰ线大号侧绝缘子（2）见图 4-68。

6. 极Ⅰ线大号侧 V 串右挂点（对应位置 D）

（1）无人机悬停位置及云台角度：选取极Ⅰ线大号侧 V 串右挂点线路大号侧 4m 处，云台微仰拍摄。

（2）图像采集要求：能够清晰拍摄所有本角度能拍到的螺栓、销针。

（3）成像展示：极Ⅰ线大号侧 V 串右挂点见图 4-69。

7. 极Ⅰ线大号侧横担端挂点（1）（对应位置 E）

（1）无人机悬停位置及云台角度：选取极Ⅰ线大号侧绝缘子正上方 4m 处，云台俯视拍摄。

（2）图像采集要求：能够清晰拍摄所有左右对向穿螺栓、销针。

（3）成像展示：极Ⅰ线大号侧横担端挂点（1）见图 4-70。

图 4-68　极Ⅰ线大号侧绝缘子（2）

图 4-69　极Ⅰ线大号侧Ⅴ串右挂点

图 4-70　极Ⅰ线大号侧横担端挂点（1）

8. 极Ⅰ线大号侧横担端挂点（2）（对应位置 F）

（1）无人机悬停位置及云台角度：选取极Ⅰ线大号侧横担端挂点线路外侧距离绝缘子垂直 2.5m、水平距离 3m 处，云台仰视拍摄。

（2）图像采集要求：能够清晰拍摄所有向下穿螺栓、销针。

（3）成像展示：极Ⅰ线大号侧横担端挂点（2）见图 4-71。

图 4-71　极Ⅰ线小号侧横担端挂点（2）

9. 极Ⅰ线大号侧 V 串左挂点（对应位置 G）

（1）无人机悬停位置及云台角度：选取极Ⅰ线大号侧 V 串左挂点线路外侧 4m 处，云台微仰拍摄。

（2）图像采集要求：能够清晰拍摄所有螺栓、销针，并附带均压环。

（3）成像展示：极Ⅰ线大号侧 V 串左挂点见图 4 – 72。

图 4 – 72　极Ⅰ线大号侧 V 串左挂点

10. 极Ⅰ线大号侧 V 串下挂点（对应位置 H）

（1）无人机悬停位置及云台角度：选取极Ⅰ线大号侧 V 串下挂点线路外侧 4m 处，云台微俯拍摄。

（2）图像采集要求：能够清晰拍摄所有本角度能拍到的螺栓、销针，并附带均压环，同时尽可能多的附带跳线间隔棒、重锤片上的销针。

（3）成像展示：极Ⅰ线大号侧 V 串下挂点见图 4 – 73。

11. 极Ⅰ线小号侧 V 串下挂点（对应位置 H′）

（1）无人机悬停位置及云台角度：选取极Ⅰ线号侧 V 串下挂点线路外侧 4m 处，云台微俯拍摄。

图4-73　极Ⅰ线大号侧Ⅴ串下挂点

（2）图像采集要求：能够清晰拍摄所有本角度能拍到的螺栓、销针，并附带均压环，同时尽可能多的附带跳线间隔棒、重锤片上的销针。

（3）成像展示：极Ⅰ线小号侧Ⅴ串下挂点见图4-74。

图4-74　极Ⅰ线小号侧Ⅴ串下挂点

12. 极 I 线小号侧 V 串左挂点（对应位置 G′）

（1）无人机悬停位置及云台角度：选取极 I 线小号侧 V 串左挂点线路外侧 4m 处，云台微仰拍摄。

（2）图像采集要求：能够清晰拍摄所有螺栓、销针，并附带均压环。

（3）成像展示：极 I 线小号侧 V 串左挂点见图 4-75。

图 4-75　极 I 线小号侧 V 串左挂点

13. 极 I 线小号侧横担端挂点（2）（对应位置 F′）

（1）无人机悬停位置及云台角度：选取极 I 线小号侧横担端挂点线路外侧距离绝缘子垂直 2.5m、水平距离 3m 处，云台仰视拍摄。

（2）图像采集要求：能够清晰拍摄所有向下穿螺栓、销针。

（3）成像展示：极 I 线小号侧横担端挂点（2）见图 4-76。

图 4-76　极 I 线小号侧横担端挂点（2）

14. 极 I 线小号侧横担端挂点（1）（对应位置 E′）

（1）无人机悬停位置及云台角度：选取极 I 线小号侧绝缘子正上方 4m 处，云台俯视拍摄。

（2）图像采集要求：能够清晰拍摄所有左右对向穿螺栓、销针。

（3）成像展示：极 I 线小号侧横担端挂点（1）见图 4-77。

图 4-77　极 I 线小号侧横担端挂点（1）

15. 极Ⅰ线小号侧Ⅴ串右挂点（对应位置 D′）

（1）无人机悬停位置及云台角度：选取极Ⅰ线小号侧 V 串右挂点线路小号侧 4m 处，云台微仰拍摄。

（2）图像采集要求：能够清晰拍摄所有本角度能拍到的螺栓、销针。

（3）成像展示：极Ⅰ线小号侧 V 串右挂点见图 4－78。

图 4－78 极Ⅰ线小号侧 V 串右挂点

16. 极Ⅰ线小号侧绝缘子（2）（对应位置 C′）

（1）无人机悬停位置及云台角度：选取极Ⅰ线小号侧绝缘子线路外侧 4m 处，云台俯视拍摄。

（2）图像采集要求：能够清晰拍摄所有绝缘子 R 销情况。

（3）成像展示：极Ⅰ线小号侧绝缘子（2）见图 4－79。

17. 极Ⅰ线小号侧绝缘子（1）（对应位置 B′）

（1）无人机悬停位置及云台角度：选取极Ⅰ线小号侧绝缘子线路外侧 4m 处，云台俯视拍摄。

（2）图像采集要求：能够清晰拍摄所有绝缘子 R 销情况。

（3）成像展示：极Ⅰ线小号侧绝缘子（1）见图 4－80。

图4-79　极Ⅰ线小号侧绝缘子（2）

图4-80　极Ⅰ线小号侧绝缘子（1）

18. 极Ⅰ线小号侧导线端挂点（3）（对应位置B′）

（1）无人机悬停位置及云台角度：选取极Ⅰ线小号侧导线端挂点正上方4m处，云台垂直90°拍摄。

（2）图像采集要求：能够清晰拍摄所有左右对向穿向的螺栓、销针、耐张线夹出口部分。

（3）成像展示：极Ⅰ线小号侧导线端挂点（3）见图4-81。

图 4-81 极Ⅰ线小号侧导线端挂点（3）

19. 极Ⅰ线小号侧导线端挂点（2）（对应位置 A'）

（1）无人机悬停位置及云台角度：选取极Ⅰ线小号侧导线端挂点线路外侧 4m 处，云台微仰拍摄。

（2）图像采集要求：能够清晰拍摄绝大部分向下穿的螺栓、销针以及耐张线夹出口。

（3）成像展示：极Ⅰ线小号侧导线端挂点（2）见图 4-82。

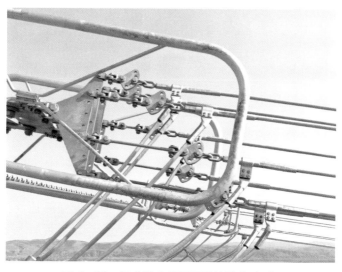

图 4-82 极Ⅰ线小号侧导线端挂点（2）

20. 极 I 线小号侧导线端挂点（1）（对应位置 A′）

（1）无人机悬停位置及云台角度：选取极 I 线小号侧导线端挂点线路外侧 4m 处，云台微仰拍摄。

（2）图像采集要求：能够清晰补充拍摄上一张未拍全的向下穿向的螺栓、销针。

（3）成像展示：极 I 线小号侧导线端挂点（1）见图 4-83。

图 4-83　极 I 线小号侧导线端挂点（1）

21. 左地线（光缆）小号侧防振锤（对应位置 I′）

（1）无人机悬停位置及云台角度：选取左地线（光缆）小号侧防振锤外侧 4m 处，云台平视拍摄，不允许对焦。

（2）图像采集要求：画面刚好容纳所有防振锤，防振锤预绞丝缠绕情况清晰可见。

（3）成像展示：左地线（光缆）小号侧防振锤见图 4-84。

图 4-84 左地线（光缆）小号侧防振锤

22. 左地线（光缆）小号侧挂点（对应位置 I′）

（1）无人机悬停位置及云台角度：选取左地线小号侧线路外侧 4m 处，云台向大号侧偏斜仰视拍摄。

（2）图像采集要求：能够清晰拍摄所有的螺栓、销针。

（3）成像展示：左地线（光缆）小号侧挂点见图 4-85。

图 4-85 左地线（光缆）小号侧挂点

23. 左地线（光缆）大号侧挂点（对应位置Ⅰ）

（1）无人机悬停位置及云台角度：选取左地线大号侧线路外侧 4m 处，云台向小号侧偏斜仰视拍摄。

（2）图像采集要求：能够清晰拍摄所有的螺栓、销针。

（3）成像展示：左地线（光缆）大号侧挂点见图 4−86。

图 4−86　左地线（光缆）大号侧挂点

24. 左地线（光缆）大号侧防振锤（对应位置Ⅰ）

（1）无人机悬停位置及云台角度：选取左地线（光缆）大号侧防振锤外 4m 处，云台平视拍摄，不允许对焦。

（2）图像采集要求：画面刚好容纳所有防振锤，防振锤预绞丝缠绕情况清晰可见。

（3）成像展示：左地线（光缆）大号侧防振锤见图 4−87。

图 4-87　左地线（光缆）大号侧防振锤

25. 左地线（光缆）大、小号侧挂点耳轴挂板（对应位置 J）

（1）无人机悬停位置及云台角度：选取左地线横担正上方 5m 处，云台垂直 90°拍摄。

（2）图像采集要求：能够清晰拍摄所有的螺栓、耳轴挂板销针。

（3）成像展示：左地线（光缆）大、小号侧挂点耳轴挂板见图 4-88。

图 4-88　左地线（光缆）大、小号侧挂点耳轴挂板

📷 **小贴士**：铁塔左侧已经涵盖右侧所有金具类型，后续对于铁塔右侧拍摄的无人机具体位置及效果成像图与左侧一致，因此铁塔右侧参考上面的左侧进行拍摄、无人机移动路径按图4-60～图4-63、表4-4中叙述的移动即可。

第五节 分组巡视法

分组拍摄法就是将对称结构铁塔划分为二，同时利用2组无人机巡视人员分组巡视，每组巡视一基铁塔的一侧。利用这种方法能够减少无人机飞行路径，每基塔的巡视内容缩短为一半，则单架次便能巡视更多基的铁塔，减少了无人机起飞降落频率，无人机电池能够得到高效利用，大大提升了无人机巡视效率。

此方法适用于各类的对称性结构铁塔，如交流双回直线塔（见图4-89）等所有多回对称结构铁塔，以及前面所说的直流单回直线塔（见图4-90）等塔形。

图4-89 交流双回直线塔分组巡视路径图

图 4-90　直流单回直线塔分组巡视路径图

第五章　影像识别技术

巡检人员应用长焦相机、可视化装置、无人机从地面、半空、高空三个维度，对杆塔和通道进行周期化、实时化巡检，此过程采集的大量影像资料需要识别处理，本章主要简要介绍巡检结束后巡视影像识别技术。

特高压输电线路巡视影像分析识别是为输电线路状态评价提供可靠的数据信息，是输电线路巡检工作的重要环节，按识别模式可分类为影像智能识别技术和人工识别技术，其中人工识别技术是对智能识别技术的补充。

第一节　影像智能识别技术

（一）定义

影像智能识别技术依靠图像处理技术，对目标影响进行识别、跟踪和监测，并进一步做影像处理分析，最终获取识别需求。

（二）适用范围

影像智能识别技术是指用机器来代替人眼对目标进行识别、跟踪和测量，并进一步做图形处理分析，目前影像智能识别技术在电网设备应用中主要用于缺陷诊断。

（三）关键部位识别与缺陷诊断技术

目前对输电线路隐患和故障诊断多通过人为判断，并且关键部件缺陷和隐患的种类繁多，包括杆塔与导线上的异物、导线的断股、绝缘子串的破损和防振锤的缺失等；另外，对同一输电线路设备，由于不同光照条件、不同角度拍摄的图像不一致，输电线路设备辐射值存在波动，形状上也可能存在差别，而且光学传感器本身的电磁噪声以及相机运动、抖动容易导致图像质量下降，如何利用杆塔的关键部件与杆塔及导线的连接关系，实现对关键部件的隐患和故障的诊断与分析是该部分的又一难点。

目标定位是目标识别的基础，而目标识别又必须通过目标的本身特征来进行定位。目前对图像中目标定位的研究多集中于室内特定环境、特定光源、特定部件的目标定位与识别。而输电线路地处室外环境，由于背景的复杂性及其变化的多样性，使得目标图像和背景图像之间的差异很小，所以，目标图像的提取与背景的去除是巡检图像处理中的一个瓶颈问题，同时目前对这些关键部件的定位与识别的研究还较少，因此，如何确定这些部件的图像特征，是实现对输电线路异常和缺陷诊断的基础与关键。

在复杂背景的非结构环境下，对输电线路各设备的提取和识别都极为困难，且输电线路设备种类和数量繁多在目前的研究水平下，还没有一种通用的算法来实现全部电力设备的提取和识别，只通过分析杆塔、绝缘子、导线的特点来实现对这些设备的识别。

以杆塔为例，架空输电线路杆塔外形主要取决于电压等级、线路回数、地形、地质情况及使用条件等。虽然输电线路杆塔有不同用途，其结构也多种多样。但在不同角度对杆塔进行巡检拍摄时，得到的杆塔图像都由相似的"对称交叉"结构组成。高压输电线路的杆塔主要有两种类型：一种是直线杆塔，另一种是耐张杆塔。它们都是由不同方向的对称交叉钢材组建的，具有显著的对称交叉特征。这种自然场景中的人造设施，可以将其线结构分解为简单的、层次化的能反映其本质的简单几何关系。目前，可通过提取杆塔所在区域的直线关系来实现对杆塔的定位。在对输电线路杆塔的定位与识别中可以通过在图像上提取低级别的特征（如边缘特征），再根据杆塔区域的整体特征形成高级别特征，进而实现对杆塔区域的识别。

第二节 影像人工识别技术

（一）定义

影像人工识别技术是通过人眼对杆塔、基础、接地装置、导地线、绝缘子和金具、附属设施、通道内容开展图像缺陷分析，获取缺陷分析结果。

（二）适用范围

影像人工识别技术是现场运维人员通过巡视采集的设备图像，经人工最终确认、定性缺陷结果。目前影像人工识别技术在电网设备运检应用中主要是对长焦相机、通道可视化、无人机采集的影像进一步分析，同时可对影像智能识别技术补充或干预。

（三）识别部位及要点

影像人工识别技术巡检部位、主要部件及识别要点如下表：

部位	主要部件	识别要点
杆塔	塔头、全塔	1. 有无杆塔倾斜、主材弯曲、地线支架变形、塔材、螺栓丢失、严重锈蚀、脚钉缺失、爬梯变形、土埋塔脚等。
基础	立柱、保护帽、接地装置、防撞、护坡、排水等防洪、排水、基础保护设施	1 有无.回填土下沉或缺土、水淹、冻胀、堆积杂物等。 2. 有无破损、酥松、裂纹、漏筋、基础下沉、保护帽破损、边坡保护不够等。 3. 有无接地装置断裂、严重锈蚀、螺栓松脱、接地带丢失、接地带外露、接地带连接部位有雷电烧痕。
导地线	导地线、引流线、屏蔽线、OPGW	1 有无散股、断股、损伤、断线、放电烧伤、导线接头部位过热、悬挂漂浮物、弧垂过大或过小、严重锈蚀、 有电晕现象、导线缠绕(混线)、覆冰、舞动、风偏过大、对交叉跨越物距离不够等。
绝缘子	伞裙、钢帽、钢脚、碗头	1. 有无伞裙破损、严重污秽、放电痕迹、弹簧销缺损、钢帽裂纹、断裂、钢脚严重锈蚀或蚀损、绝缘子串顺线路方向倾角大于7.5°或300mm。 2. 玻璃绝缘子有无自爆、积污严重；复合绝缘子有无积污严重、挂霜、雪松、鸟啄、闪络痕迹、局部火花放电以及绝缘子串严重偏斜现象。
金具	连接金具、接续金具、调节金具、保护金具、线夹类金具	1. 线夹断裂、裂纹、磨损、销钉脱落或严重锈蚀；均压环、屏蔽环烧伤、螺栓松动；防振锤跑位、脱落、 严重锈蚀、阻尼线变形、烧伤；间隔棒松脱、变形或离位；各种连板、连接环、调整板损伤、裂纹等。
附属设施	1. 标识牌（杆号、警告、防护、指示、相位等） 2. 防雷装置 3. 防鸟装置 4. 各种监测装置 5. 航空警示器材 6. 防舞防冰装置 7. ADSS 光缆	1. 杆号牌、相位牌、警示牌等是否损坏、丢失，线路名称、铁塔号、字迹是否清晰等。 2. 有无避雷器动作异常、计数器失效、破损、变形、引线松脱；放电间隙变化、烧伤等。 3. 固定式：破损、变形、螺栓脱落；活动式：动作失灵、褪色、破损；电子、光波、声响式：供电装置失效或功能失效、 损坏等。 4. 缺失、损坏、功能失效等。 5. 高塔警示灯、跨江线彩球缺失、损坏、失灵。 6. 有无缺失、损坏等。 7. 损坏、断裂、弛度变化等。
通道	1. 建（构）筑物 2. 施工作业 3. 火灾 4. 交叉跨越 5. 自然灾害 6. 道路、桥梁 7. 污染源 8. 采动影响区 9. 其他	对线路通道、周边环境、沿线交跨、施工作业等情况进行检查，及时发现和掌握线路通道环境的动态变化情况。 1. 有违章建筑，建（构）筑物等；树木（竹林）与导线安全距离不足等。 2. 线路下方或附近有危及线路安全的施工作业等。 3. 线路附近有烟火现象，有易燃、易爆物堆积等。 4. 出现新建或改建电力、通信线路、道路、铁路、索道、管道等 5. 坍塌、淤堵、破损等地震、洪水、泥石流、山体滑坡等引起通道环境的变化。 6. 巡线道、桥梁损坏等。 7. 出现新的污染源或污染加重等。 8. 出现裂缝、坍塌等情况。 9. 线路附近有人放风筝、有危及线路安全的漂浮物、线路跨越鱼塘无警示牌、采石（开矿）、射击打靶、藤蔓类植物攀附杆塔等。

第三节　输电线路巡检采集影像归档

一、目的

采集图像归档是指按照统一标准将输电线路巡检采集影像整理存放，便于巡检人员查找、对比不同周期影像记录，分析输电线路设备变化情况，便于总结巡检维护经验等。

二、归档原则

1. 周期

输电线路参照《架空输电线路运行规程》（DL/T 741—2019）巡视周期，结合运行经验开展状态巡视。其中使用无人机、相机采集的影像应在采集后 1–2 个工作日内及时按照标准归档，可视化在线监测设备对发现的隐患影像应按月归档。所有影像资料应在采集后保存至少三年，重要资料可适当延长周期。

2. 标准

无人机、长焦相机、可视化等设备采集的图像按照以下标准分级存档，详见图 5 – 3 – 1。

三、缺陷规范命名

缺陷确认后应编辑图像，对图像中缺陷进行标注，并将图像重命名，命名规范如下：

"电压等级+线路名称+杆号"–"缺陷简述"–"该图片原始名称"

示例：1000kV ××Ⅱ线××号塔–左线大号侧导线端直角挂板螺栓缺销针.JPG

小贴士：（1）缺陷描述按照："线–侧–部–问"顺序进行命名；

（2）每张图像只标注并描述一条缺陷。

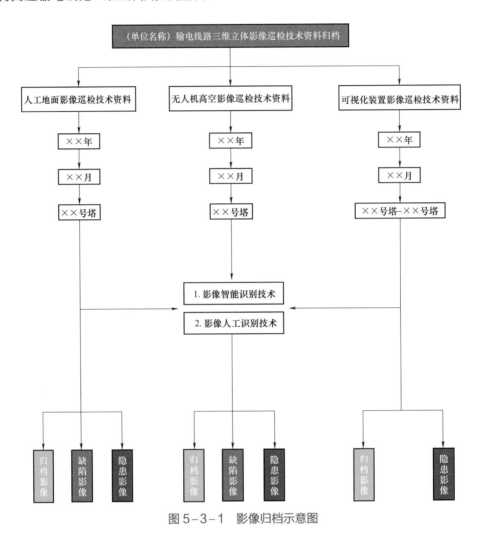

图 5-3-1 影像归档示意图

参 考 文 献

［1］架空输电线路巡视及防护手册. 北京：中国电力出版社，2015.

［2］贾雷亮，郝向军. 输电线路护线工作手册. 北京：中国电力出版社，2012.

［3］输电线路防外力破坏破坏警示标牌标准化手册. 北京：中国电力出版社，2019.

［4］特高压输电线路常见缺陷故障案例分析. 北京：中国电力出版社，2019.

［5］董明. 浅析无人机在输电线路巡视中的应用［J］. 中国战略新兴产业，2017，（40）.

［6］王淼，杜毅，张忠瑞. 无人机辅助巡视及绝缘子缺陷图像识别研究［J］. 电子测量与仪器学报，2015，（12）.

［7］彭向阳，陈驰，饶章全.大型无人机电力线路巡检作业及智能诊断技术.北京：中国电力出版社，2015.

［8］齐继富. 输电线路的巡视工作及工作方法［J］. 安徽电力，2018，（02）.

［9］吴立远，毕建刚，常文治，杨圆，弓艳朋. 配网架空输电线路无人机综合巡检技术［J］. 中国电力，2018，（01）.

［10］汤明文，戴礼豪，林朝辉，王芳东，宋福根. 无人机在电力线路巡视中的应用［J］. 中国电力，2013，（03）.